第 2 版前言

工程图学是一门既有系统理论，又有较强实践性的技术基础课，必须通过大量由物画图、由图想物的反复训练，边看边想边画，做到眼到心到手到，培养学生的空间构思能力和形象思维能力。通过对工程图样的认知和绘图训练，培养学生的工程意识。本习题集为配合曹喜承主编的教材《工程制图》(第 2 版)而编写，可供高等工科院校近机类和非机类各专业师生和有关工程技术人员使用。

本习题集具有以下特点：

(1) 为便于组织教学，内容的编排顺序与配套教材一致。

(2) 习题的选配力求由浅入深、循序渐进，以利于基本知识的消化和基本技能的训练。

(3) 为提高学生课堂学习效率，习题集的编写设计中将练习题分为课上练习和课下作业两部分，课上练习主要是围绕课堂教学知识点展开，使学生即时消化理解教学重点和教学难点，课下作业的难度相对课上练习有所增加，主要是为加深课上内容的理解和掌握而设定，力求做到题型全面、重点突出、难易得当、题量分配合理。

(4) 本习题集编排了两套模拟试题，使学生了解考试的题型、题量和难度，便于学生复习考试。

本习题集由常熟理工学院(现苏州工学院)曹喜承，东北石油大学杨蕊、徐金超主编，杜永军教授主审，王雪梅、叶甜参加编写。

在习题集编写过程中，得到了常熟理工学院(现苏州工学院)、东北石油大学制图教研室全体教师的帮助和支持，更凝聚着他们参与教学改革的智慧和汗水，在此一并表示感谢！本习题集参考了国内部分同类习题集，在此特向有关作者致谢！

由于水平所限，习题集中若存在不足之处，恳请读者批评指正。

编者

2024 年 7 月

目　录

普通高等教育“十四五”规划教材
中国石油和石化工程教材出版基金资助项目
中国石油和化学工业优秀出版物奖·教材奖一等奖

工程制图习题集（第2版）

曹喜承　杨　蕊　徐金超　主编
杜永军　主审

中国石化出版社
·北京·

内 容 提 要

本习题集为配合曹喜承等主编的教材《工程制图》(第 2 版)而编写，主要内容包括：点、线、面的投影，立体及其表面交线的投影，组合体的三视图及尺寸标注，轴测图，机件的常用、特殊表达方法，零件图，装配图等。

本书可作为高等工科院校近机类和非机类各专业“工程制图”课程的教材，也可供函授、职业高等工科教育同类专业学生使用，同时也可供其他各专业学生、图学教育同行和工程技术人员使用和参考。

图书在版编目(CIP)数据

工程制图习题集 / 曹喜承，杨蕊，徐金超主编．—2 版．
—北京：中国石化出版社，2024.9(2025.8 重印)．—(普通高等教育
“十四五”规划教材)．—ISBN 978-7-5114-7632-6

Ⅰ．TB23-44

中国国家版本馆 CIP 数据核字第 2024Y382Y8 号

中国石化出版社出版发行
地址：北京市东城区安定门外大街 58 号
邮编：100011 电话：(010)57512500
发行部电话：(010)57512575
http://www.sinopec-press.com
E-mail：press@sinopec.com
天津嘉恒印务有限公司印刷
全国各地新华书店经销
*
787 毫米×1092 毫米 8 开本 20.25 印张
2024 年 9 月第 2 版　2025 年 8 月第 2 次印刷
定价：42.00 元

1. 在指定位置处，照样画出各种图线和图形。

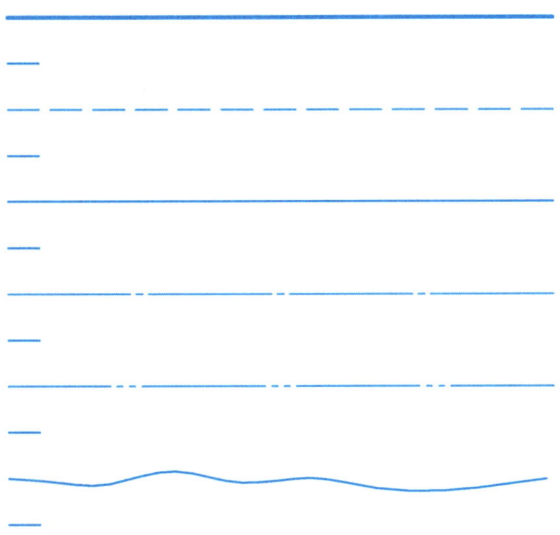

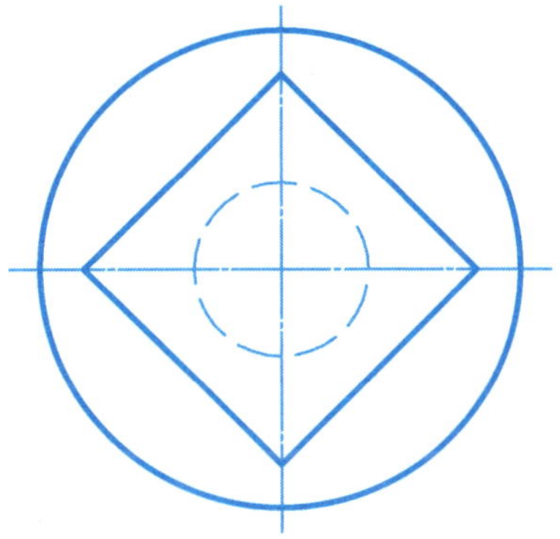

2. 参照所示图形，用2：1的比例在指定位置处画出该图形。

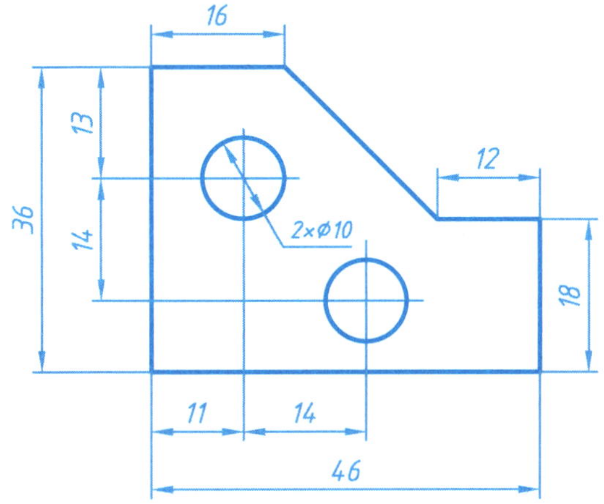

3. 标注尺寸（尺寸数值按1：1从图中量取，取整数）。

（1）

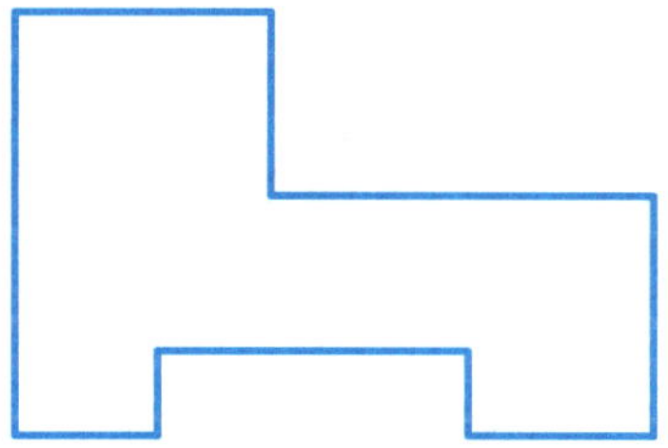

（2）

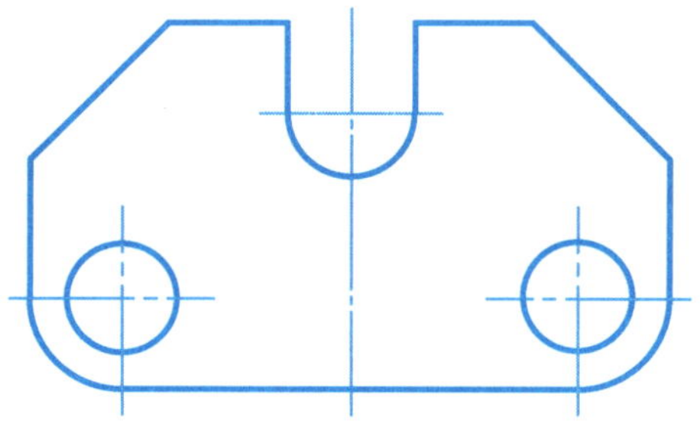

班级		姓名		学号		成绩		2

制 图 设 计 校 核 审 描 院 校 系 专 业 班 级

学 号 日 期 材 料 比 例 名 称 件 数 备 注 序

组 合 体 剖 视 断 面 螺 栓 连 接 柱 钉 垫 圈

齿 轮 键 销 轴 承 孔 弹 簧 铸 铁 钢 青 铜 铝

技 术 要 求 热 处 理 表 面 调 质 圆 角 半 径

1 2 3 4 5 6 7 8 9 0 ∅

1 2 3 4 5 6 7 8 9 0 ∅

A B C D E F G H I J K L M N O P Q R S

a b c d e f g h i j k l m n o p q r s t u v w x y z

1. 在指定位置处，照样画出各种图线和图形。

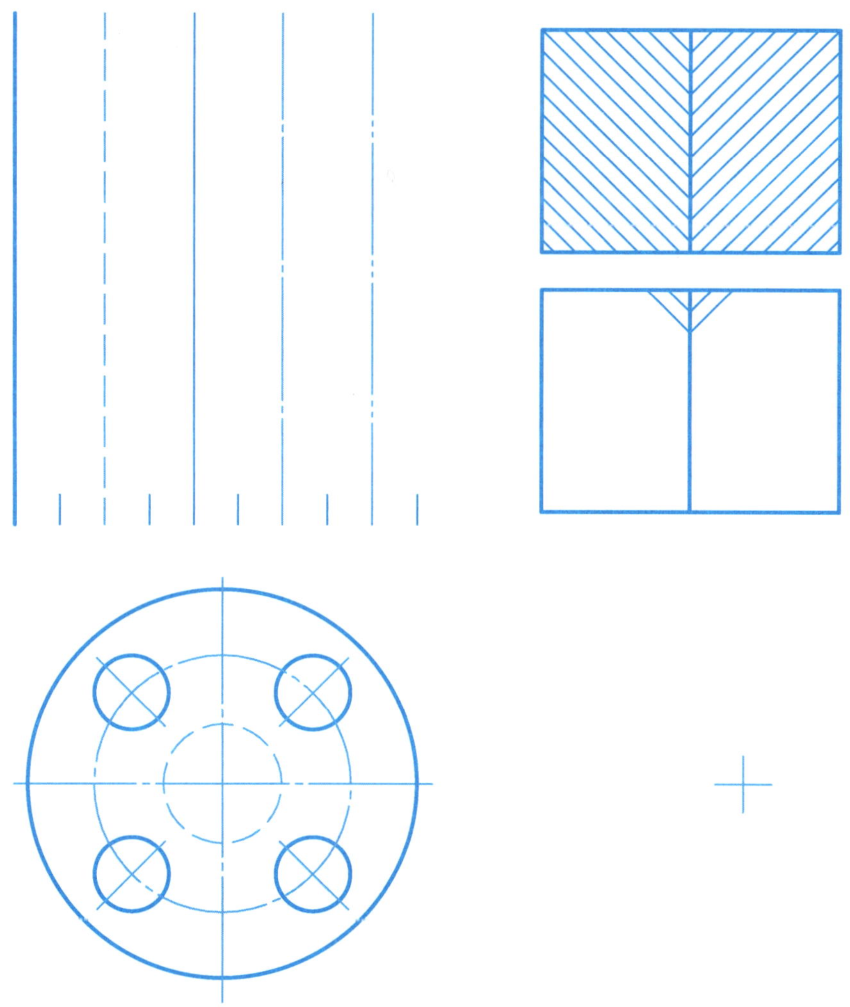

1. 参照所示图形，用1∶2的比例在指定位置画出该图形。

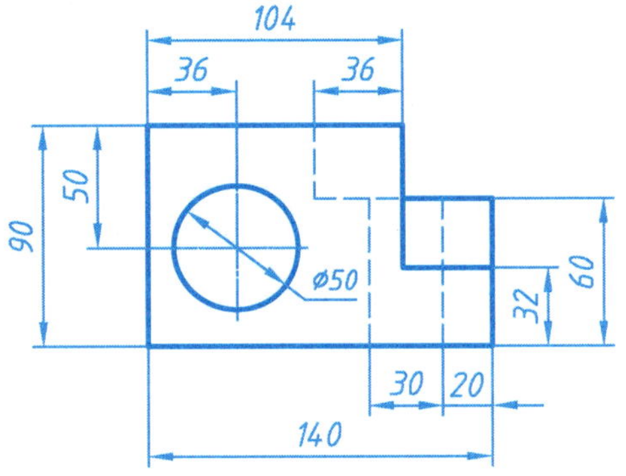

2. 标注平面图形尺寸（尺寸数值按1∶1从图中量取，取整数）。

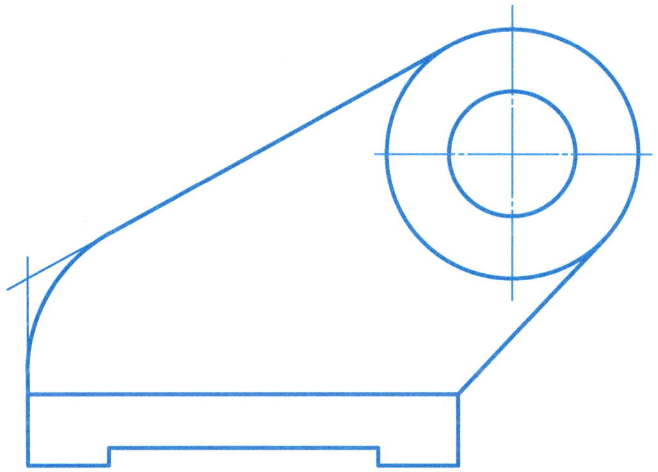

3. 在给定的尺寸线上画出箭头，填写尺寸数字（尺寸数值按1∶1从图中量取，取整数）。

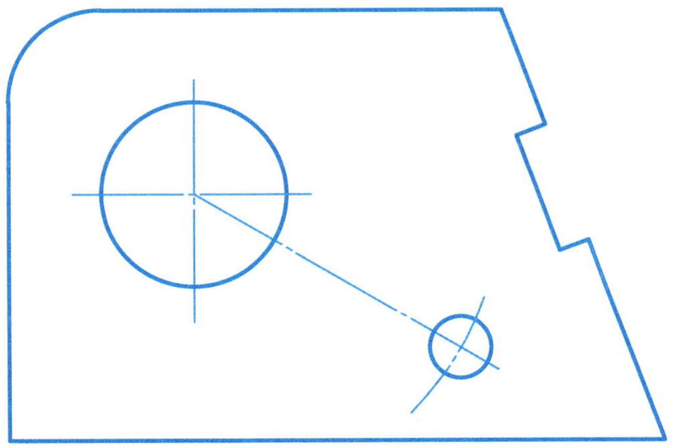

4. 标注平面图形尺寸（尺寸数值按1∶1从图中量取，取整数）。

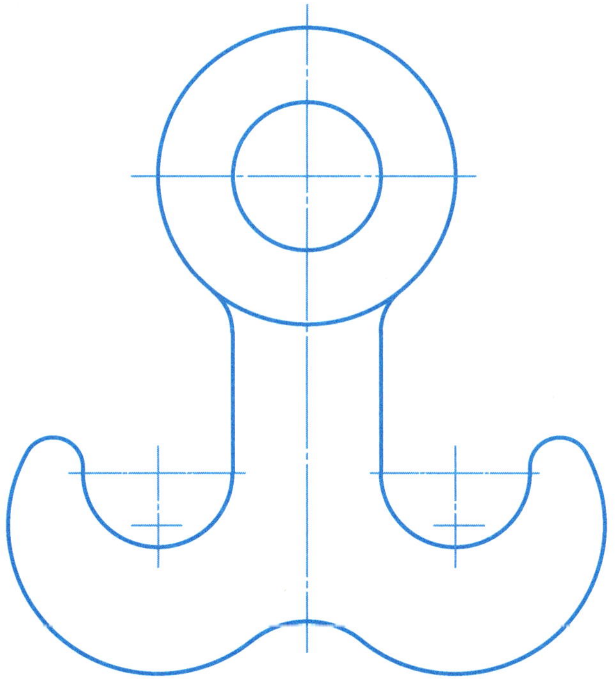

1. 参照所示图形，用1∶5的比例在指定位置处画出该图形。

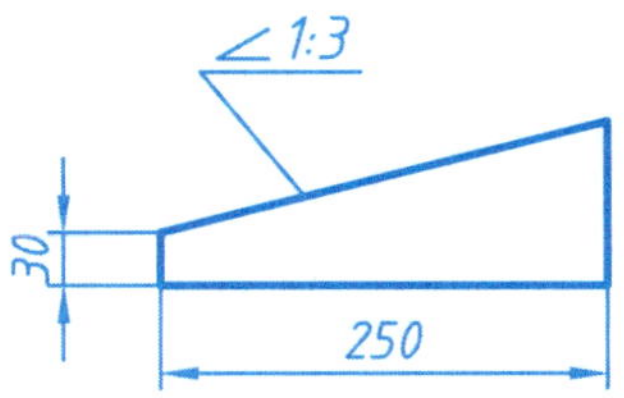

3. 参照左边所示图形及尺寸，用1∶1的比例在指定位置处画全图形的轮廓。

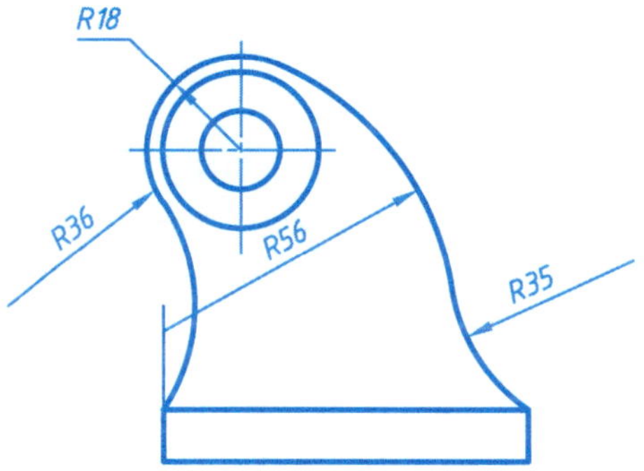

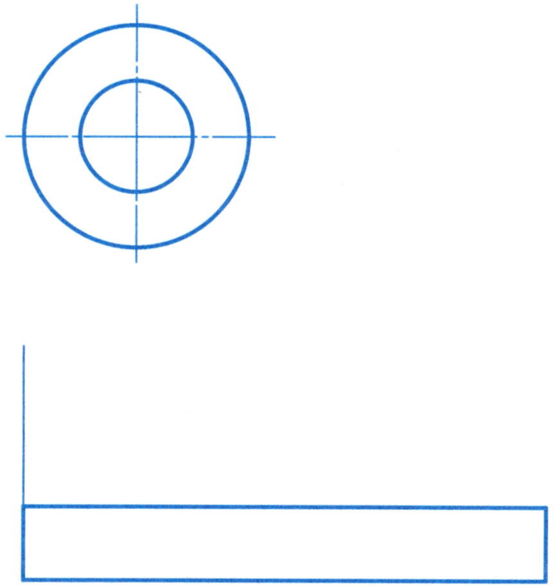

2. 参照所示图形，用1∶1的比例在指定位置处补全图示图形。

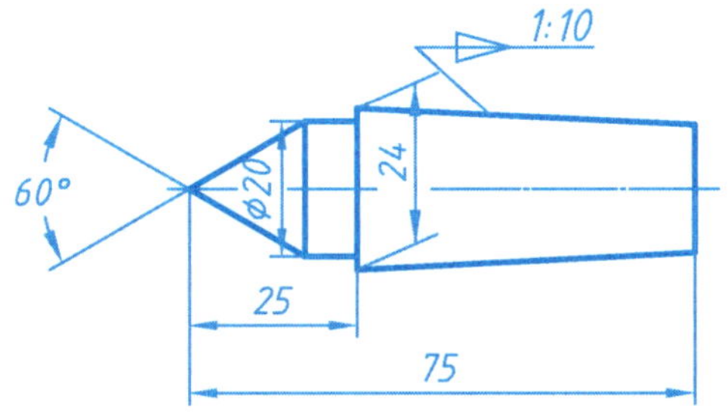

4. 参照左边所示图形及尺寸，用1∶1的比例在指定位置处画出该图形。

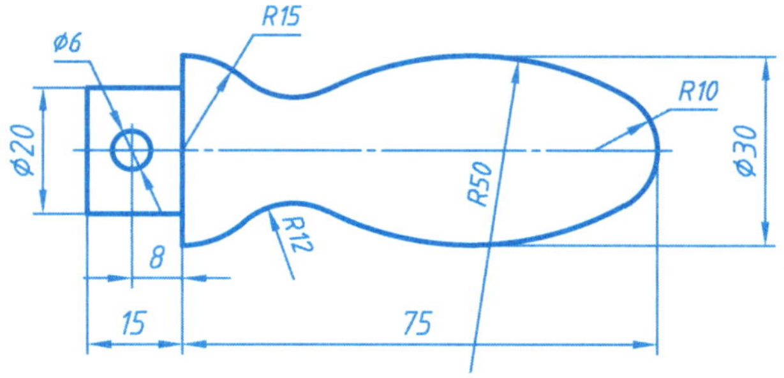

1. 参照所示图形，用1:5的比例在指定位置画出该图形，并标注斜度。

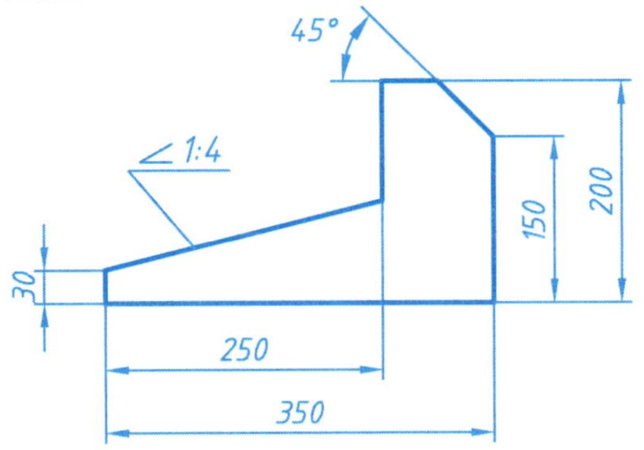

2. 参照左边所示图形及尺寸，用1∶1的比例在指定位置处画全图形的轮廓。

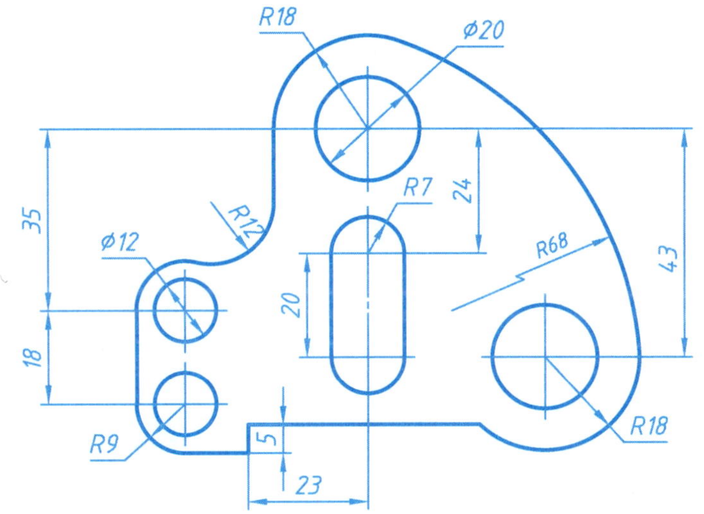

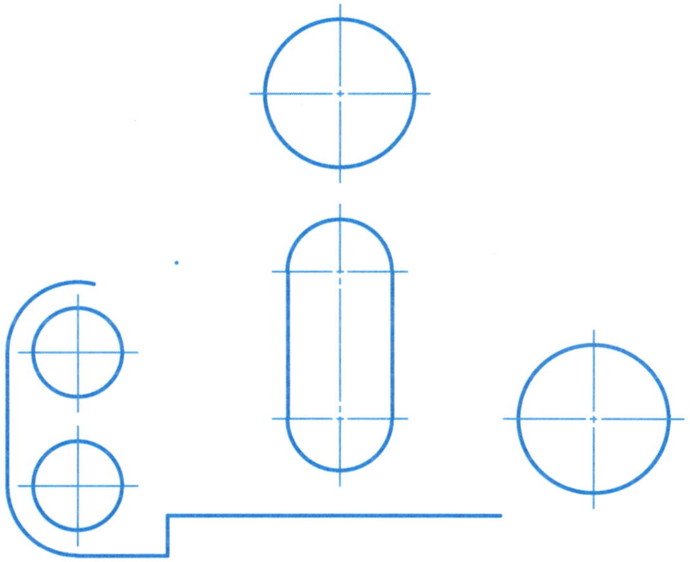

3. 在指定位置，按1∶1的比例画出所给的图形。

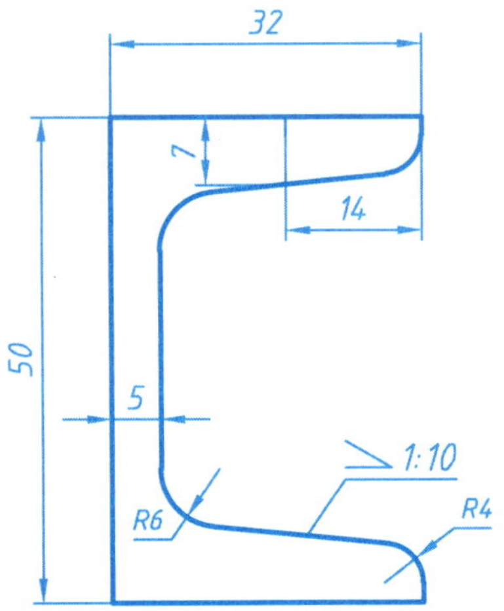

4. 参照左边所示图形及尺寸，用1∶1的比例在指定位置处画出该图形。

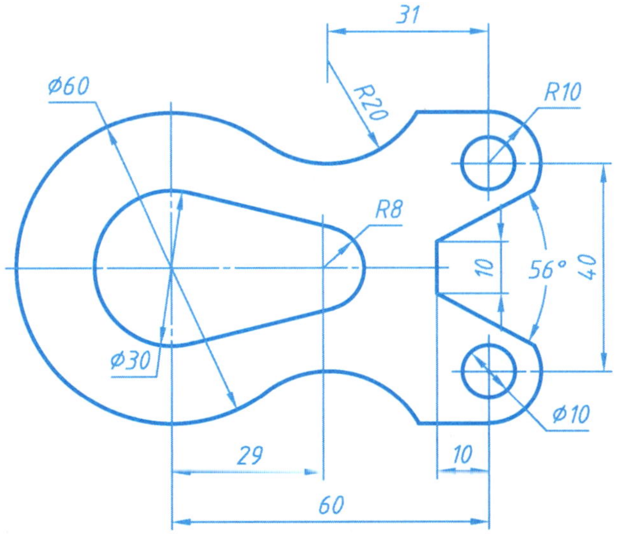

制图作业——线型练习

一、目的、内容与要求

1. 目的：熟悉有关图幅、图线、字体、比例和标题栏等的国家标准，初步掌握绘图工具和绘图仪器的正确使用方法，培养绘图技能。

2. 内容：将右侧的图形按规定的比例画在A4幅面的图纸上。

3. 要求：图形正确、布图合理、线型规范、字体工整、图面整洁。

二、图名、图幅和比例

1. 图名：线型练习。

2. 图纸幅面：A4 图纸。

3. 比例：1∶1。

三、作图步骤

1. 将图纸用胶带固定在图板上。为了方便丁字尺的使用，图纸下边所留距离应大于丁字尺的宽度。

2. 布置图纸。根据各图形的大小、尺寸标注及说明等其他内容所占的位置，画出各图的基准线。使图形匀称、美观地布置在图纸的有效区域内。

3. 用细线画底稿（用2H或H铅笔）。先画主要轮廓，后画细节。

4. 仔细检查，改正错误，然后加深（用HB或B铅笔）。加深时，先曲线后直线，先上后下，先左后右。

5. 填写标题栏。注意字体和字高要符合标准。

四、注意事项

1. 线型：粗实线宽度为0.5mm或0.7mm，虚线线段长度约为4mm，间隙1mm，点画线线段长度约15～20mm，间隙及短画共3mm。

2. 字体：图中汉字均写成长仿宋体，标题栏内图名及图号为10号字，校名为7号字，其余为5号字。

3. 箭头：宽约0.5～0.7mm，长度大于等于6倍的粗实线宽度。

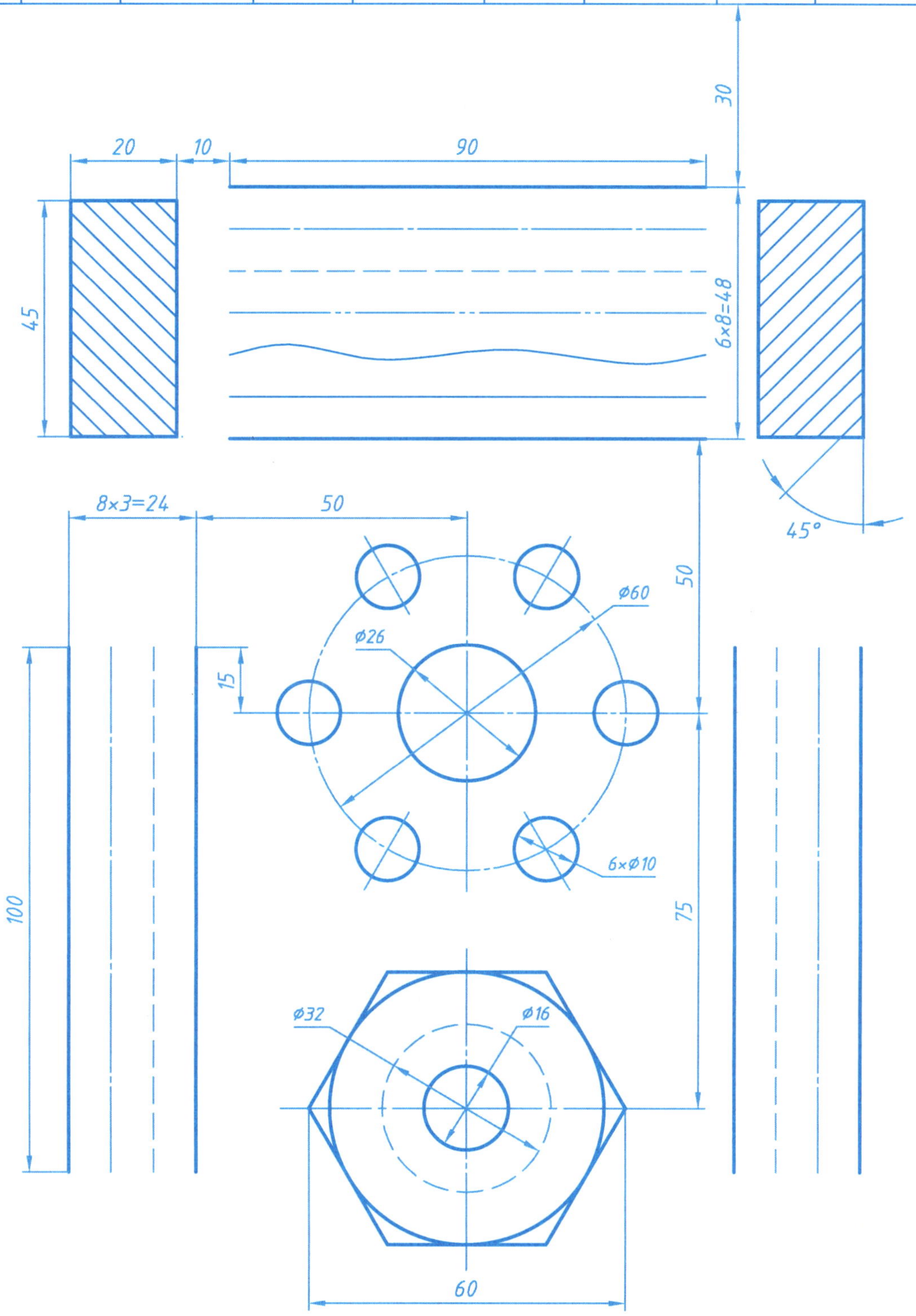

制图作业——圆弧连接	班级		姓名		学号		成绩		7

采用1：1比例，分别在A4图纸上画出下面图形。

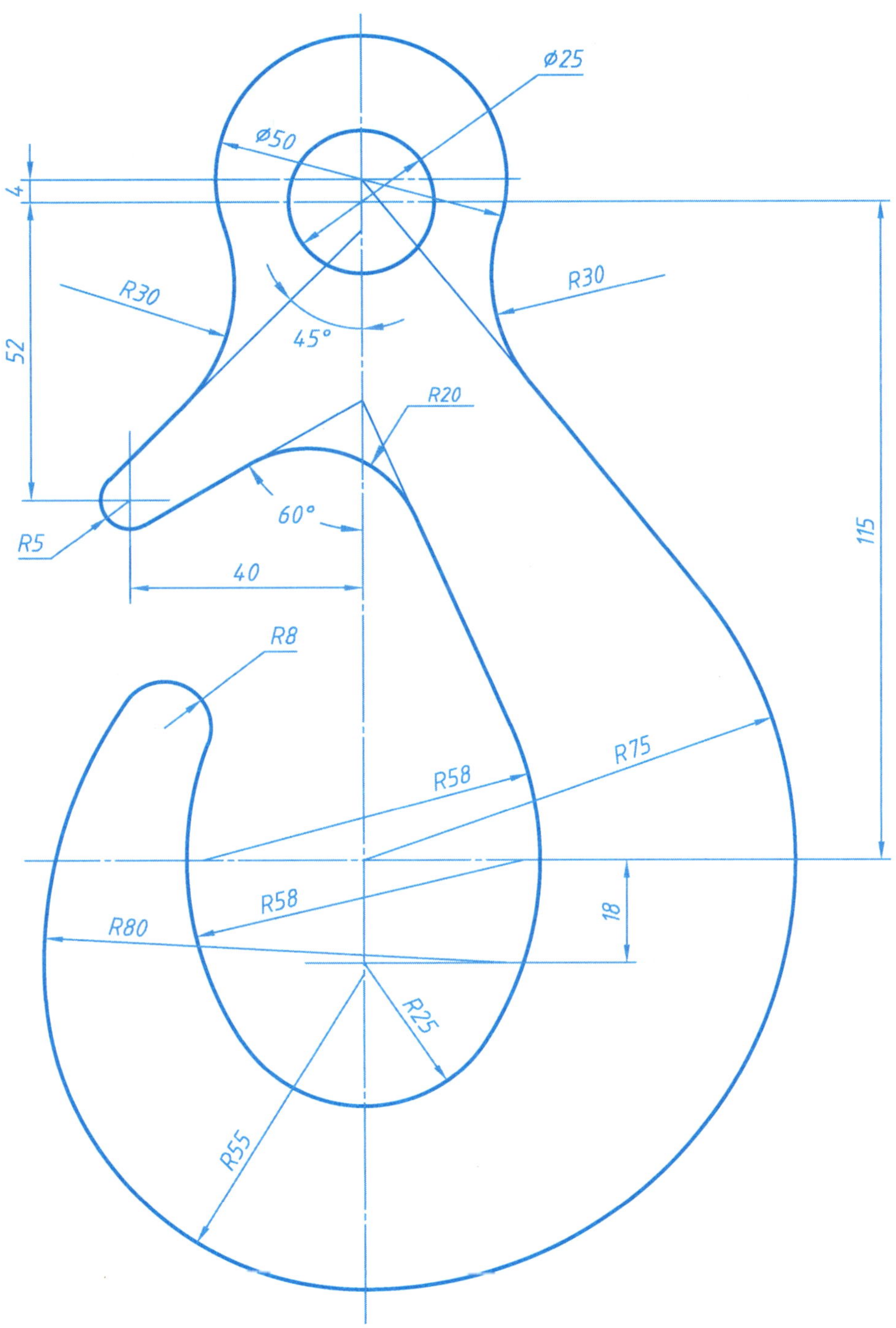

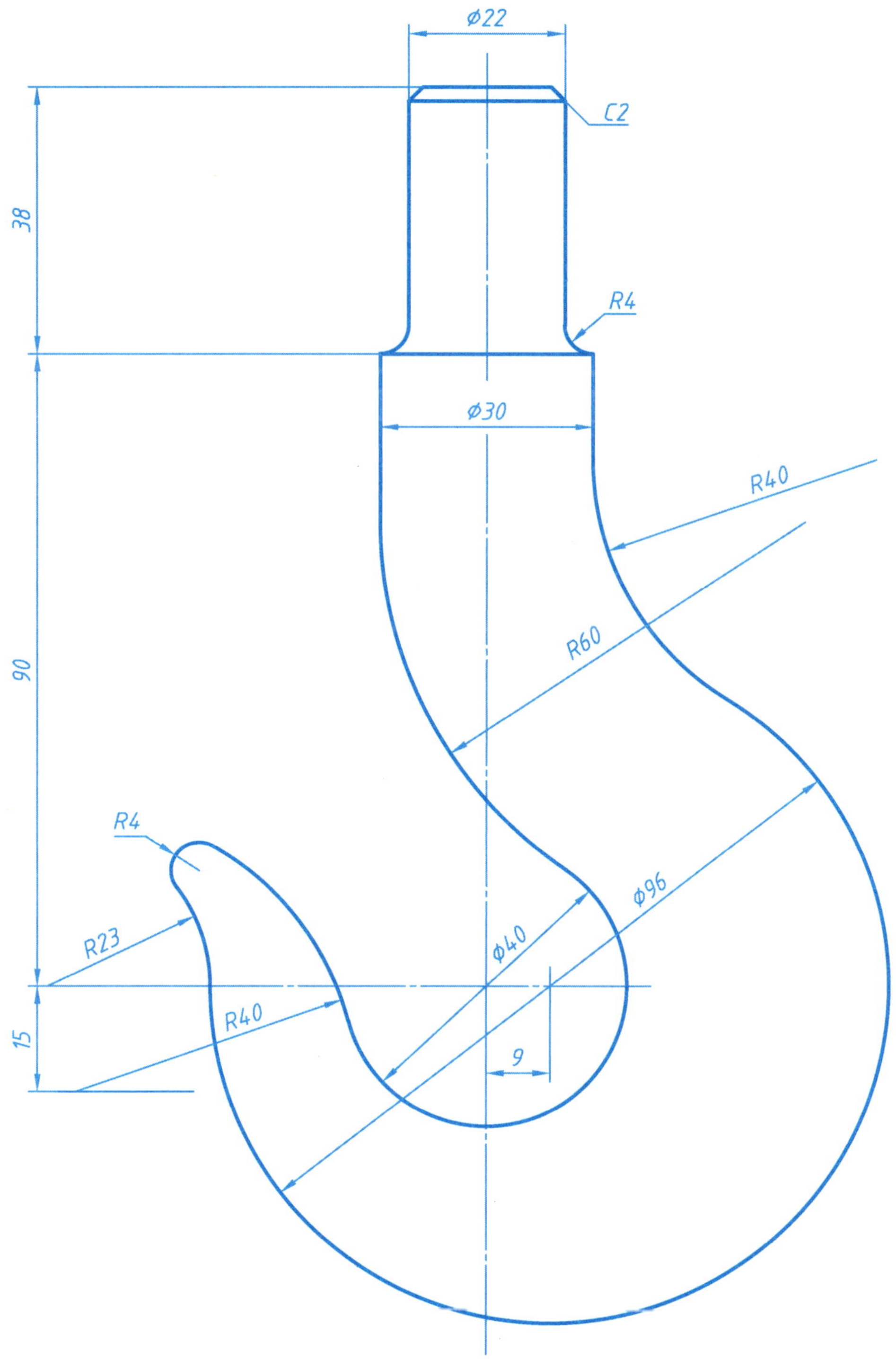

1. 已知*A*、*B*、*C*三点的两面投影，画出它们的第三面投影。

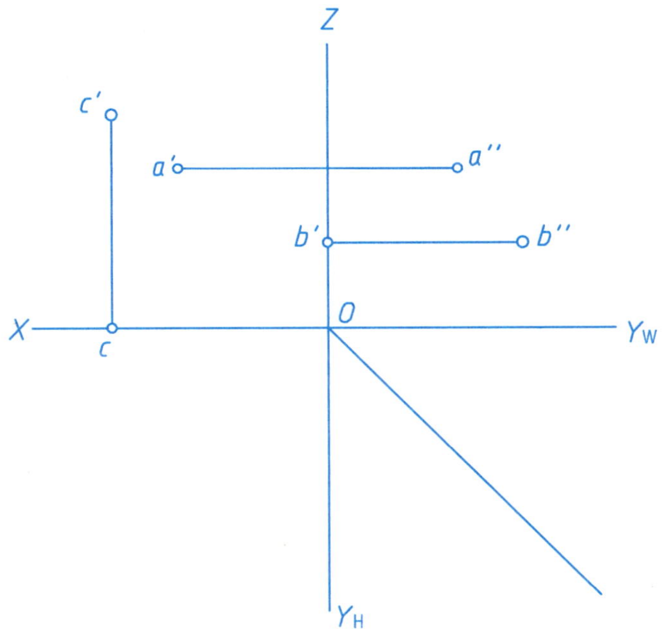

2. 判断点*A*与*B*、*C*两点的相对位置。

点*A*在点*B*的（上下）__、（左右）__、（前后）__；

点*A*在点*C*的（上下）__、（左右）__、（前后）__。

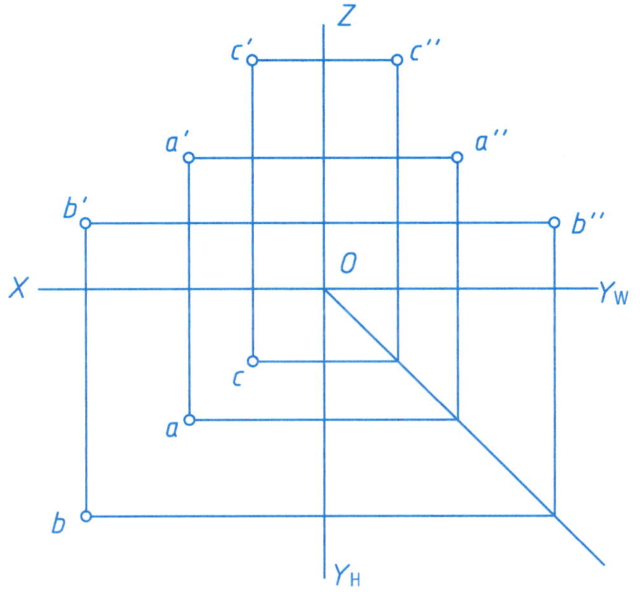

3. 写出下列直线*AB*相对投影面的名称。

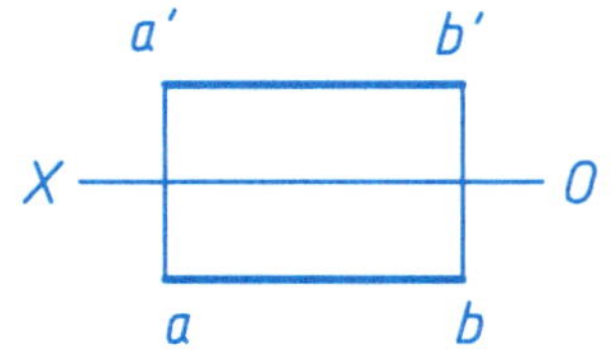

____

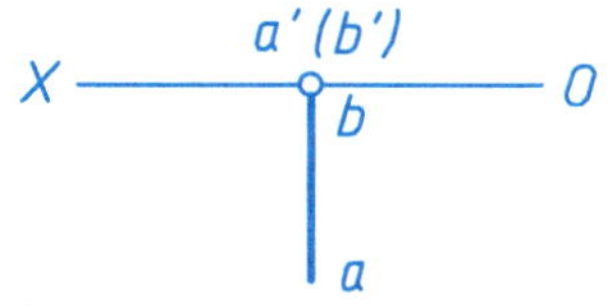

____

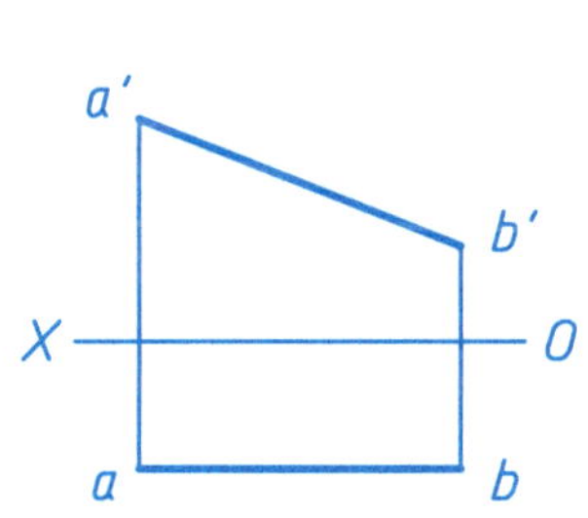

____

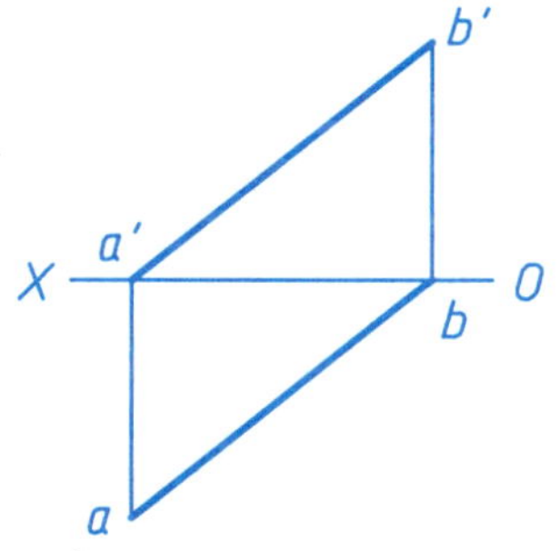

____

4. 判断平面与投影面的相对位置，并作出侧面投影。

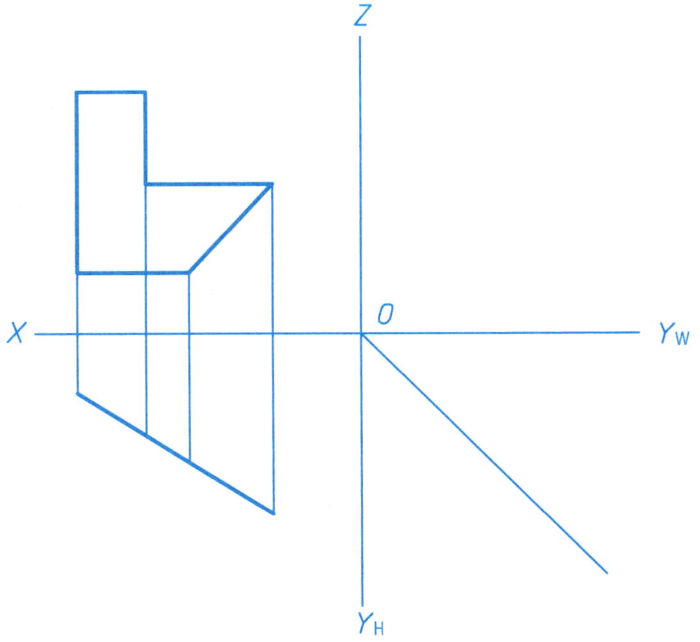

平面是__________面

5. 判断指定平面对投影面的相对位置。

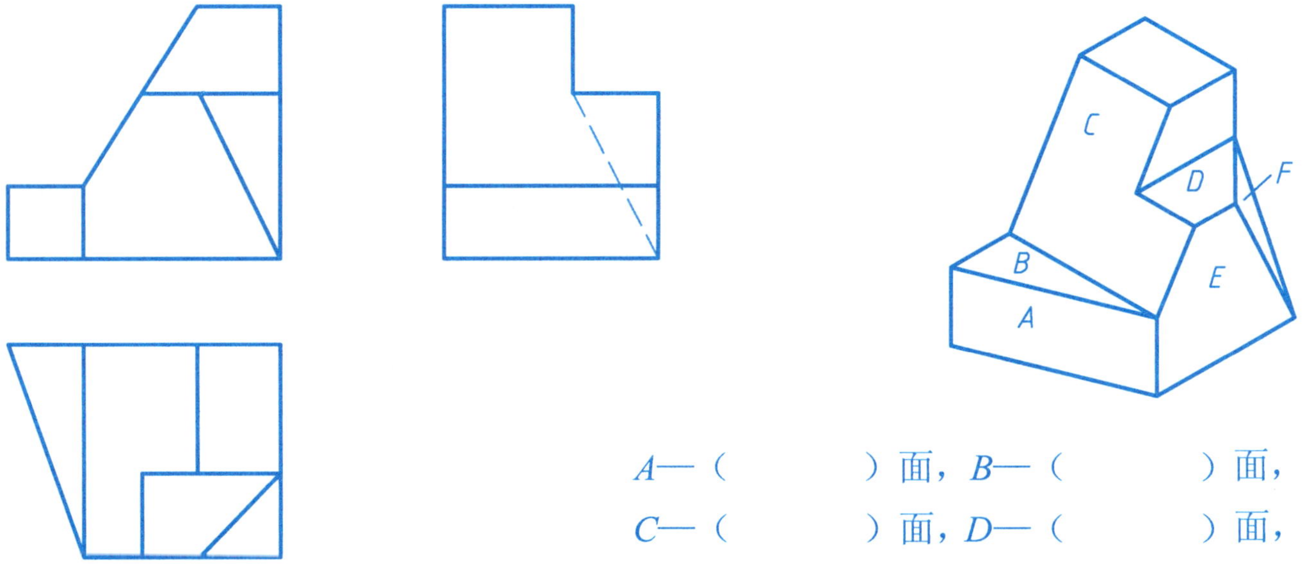

A—（ ）面，*B*—（ ）面，

C—（ ）面，*D*—（ ）面，

E—（ ）面，*F*—（ ）面。

1. 根据下列直线的两面投影，作出直线的第三面投影，并判断直线对投影面的位置。

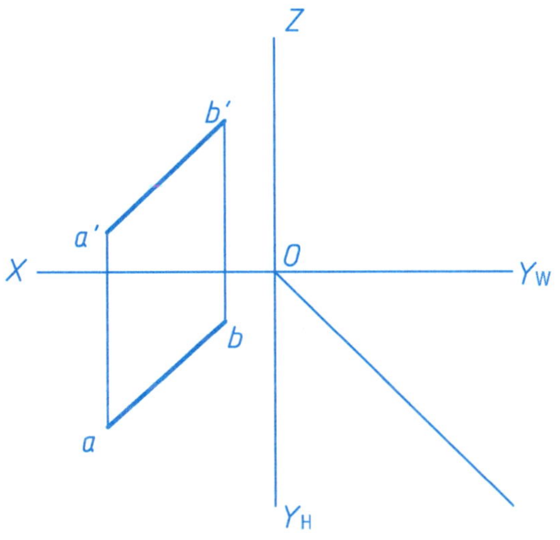

AB是 ________ 线

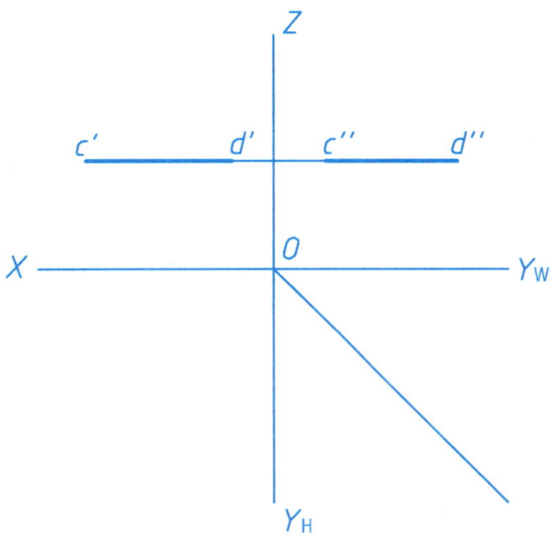

CD是 ________ 线

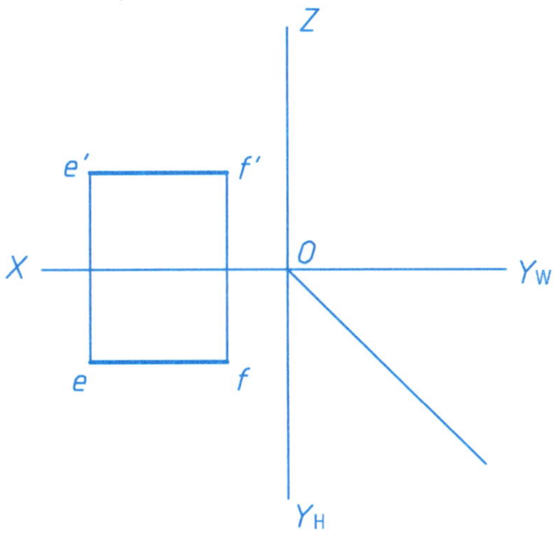

EF是 ________ 线

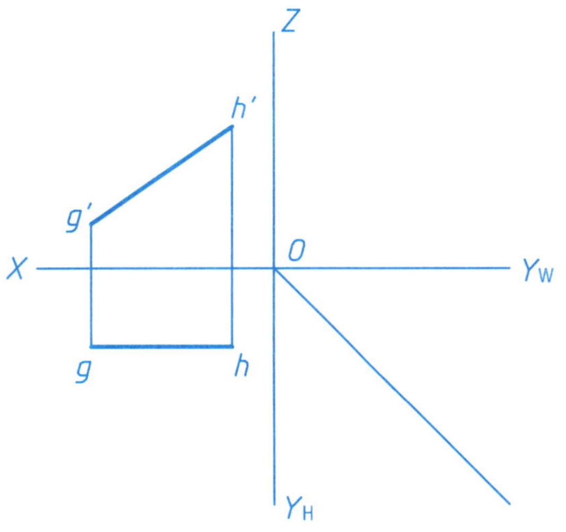

GH是 ________ 线

2. 已知点B距离点A为15mm，点C与点A是相对于V面的重影点，点D在点A的正下方15mm，补全各点的三面投影，并标明可见性。

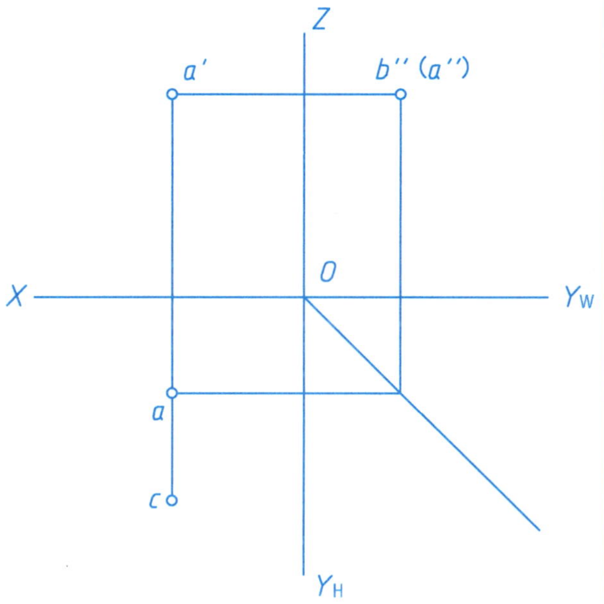

3. 根据给出的点A投影，画出B、C两点的第三面投影。

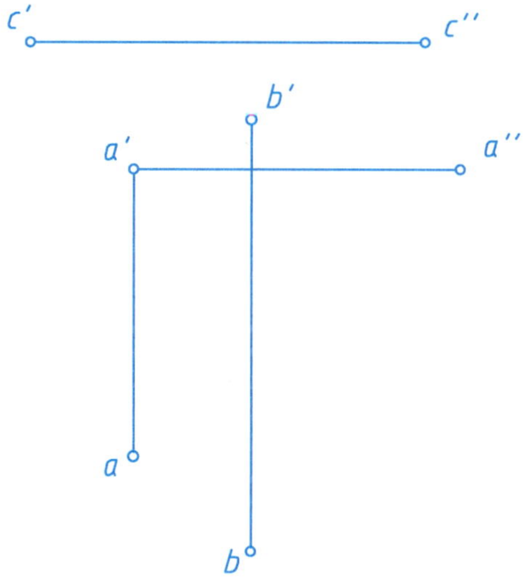

4. 已知线段AB和CD的两面投影，画出它们的第三面投影，并在下面空格内填写这两条线段的名称和它们对各投影的相对位置（用符号表示：平行“//”，垂直“⊥”，倾斜“∠”）。

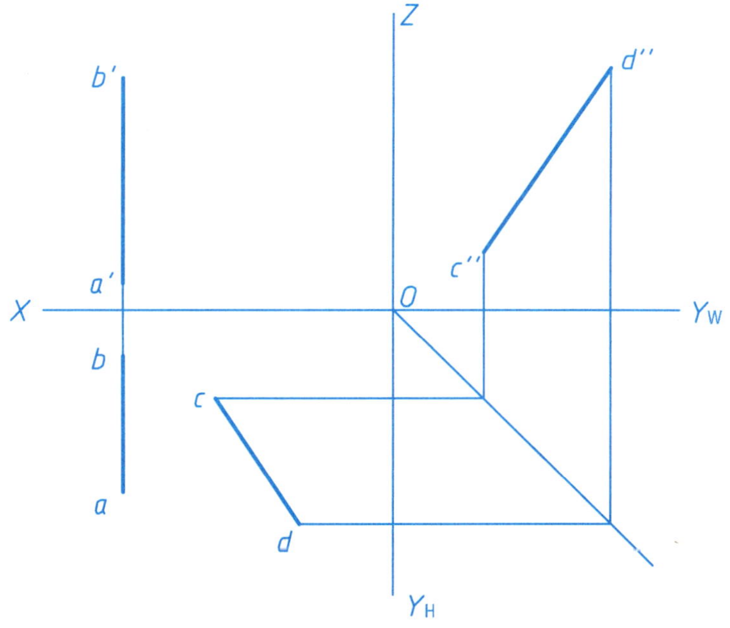

AB是 ______ 线；

AB: ___V、___H、___W；

CD是 ______ 线；

CD: ___V、___H、___W。

1. 判断点K是否在直线AB上。

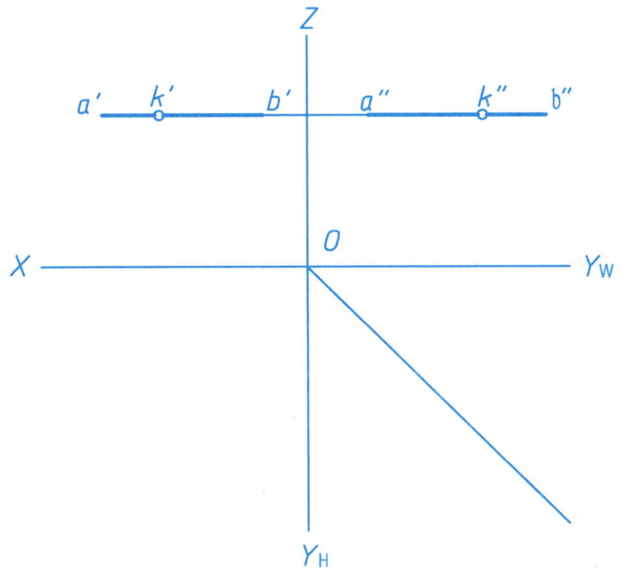

点K______直线AB上

2. 判断平面ABCDEF与投影面的相对位置，作出正面投影，并标注出各顶点的投影。

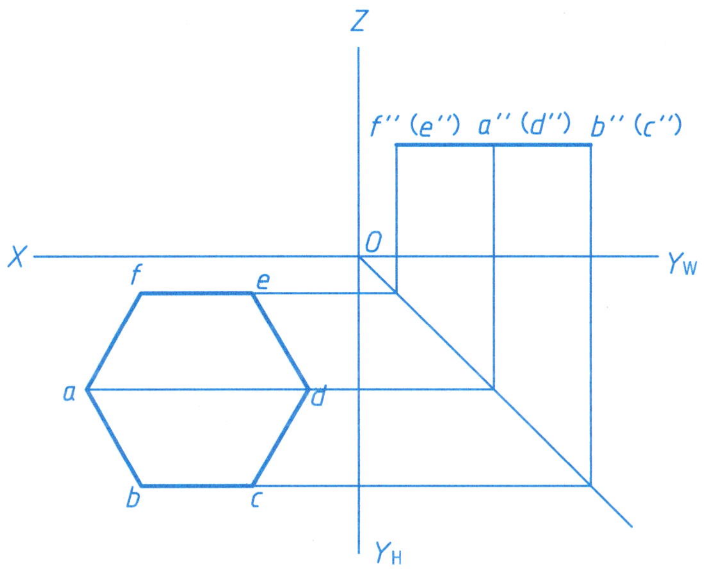

平面ABCDEF是____________面

3. 判断平面与投影面的相对位置，并作出水平投影。

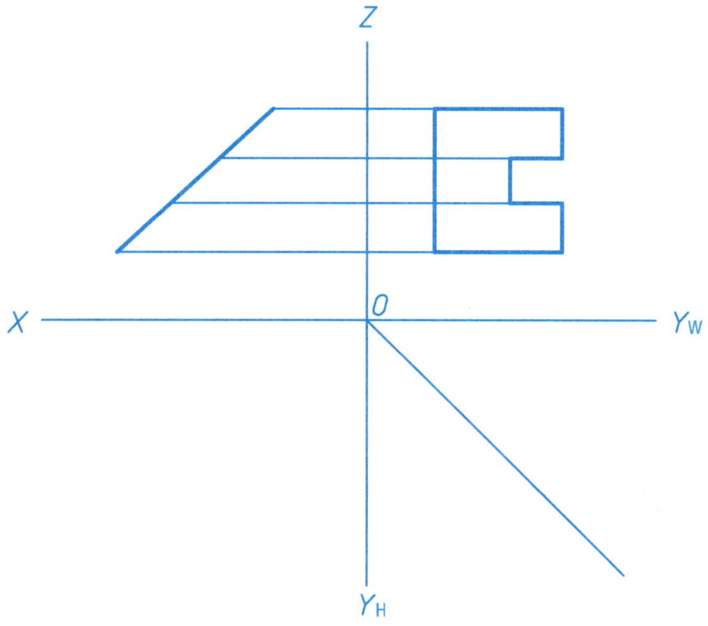

平面是___________面

4. 在三面投影中，标出线段AB、CD的第三面投影，在立体图中标出端点A、B、C、D的位置，并填写线段AB、CD的名称和对各投影面的相对位置。

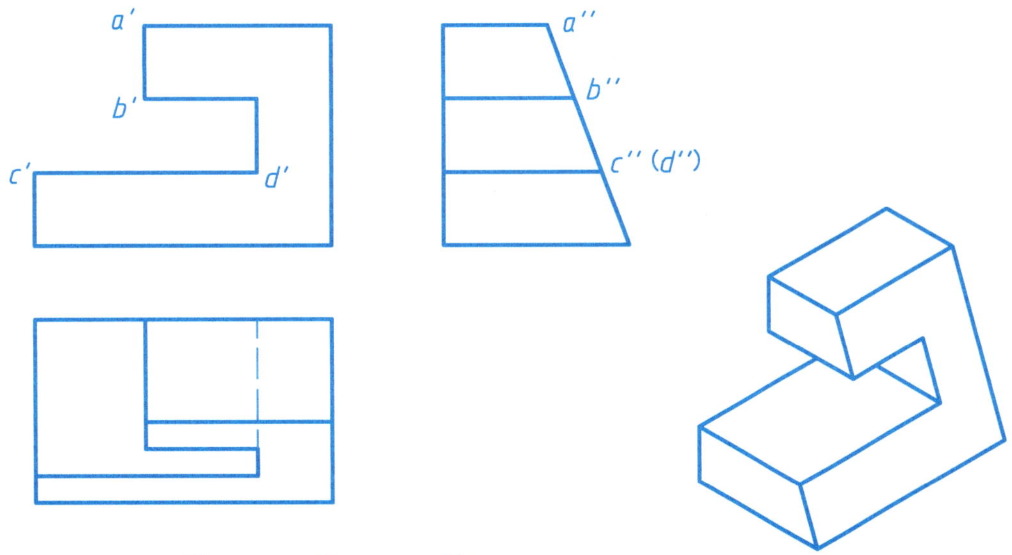

AB是______线，CD是______线。

AB:___V、___H、___W；CD:___V、___H、___W。

5. 在三面投影中标出P、Q两平面的第三面投影，在立体图中标出它们的位置（用相应的大写字母），并填写它们的名称和对投影面的相对位置。

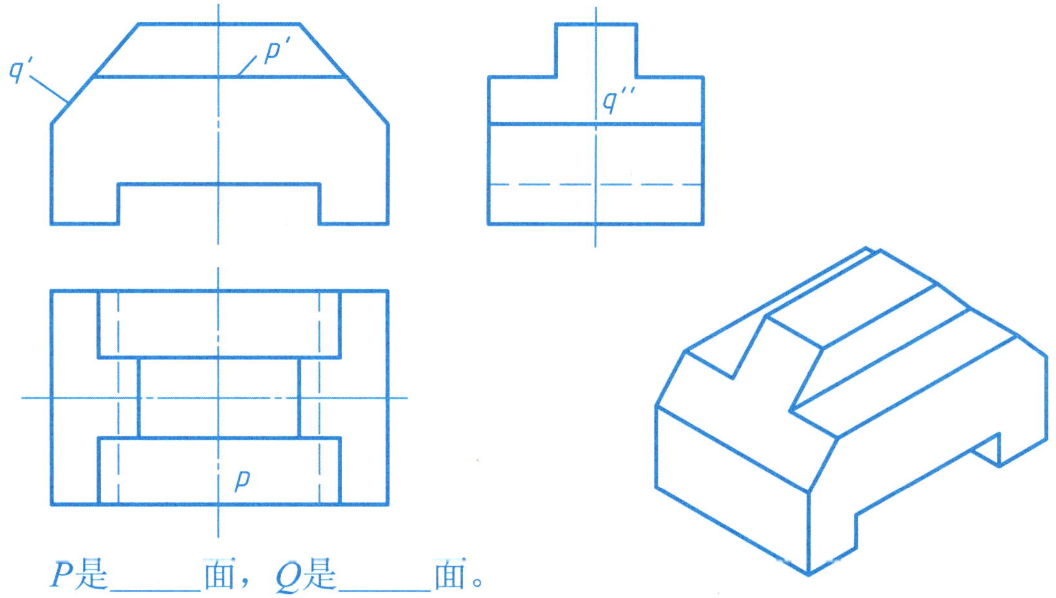

P是______面，Q是______面。

P: __V、__H、__W；Q:__V、__H、__W。

1. 画出正五棱柱的左视图，并求作其表面上点A、B、C的其他两面投影。

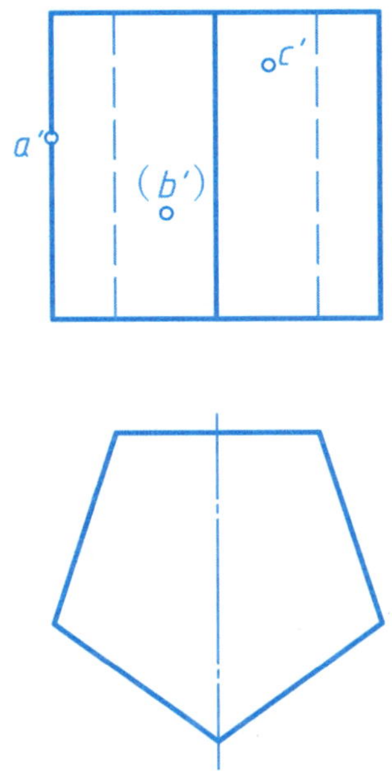

2. 补画正六棱柱的俯视图，并求作其表面上点A、B、C的其他两面投影。

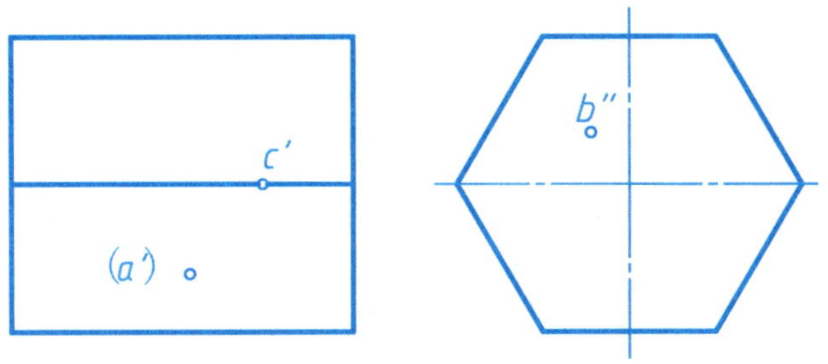

3. 完成正六棱柱被截切后的俯视图，并画出左视图。

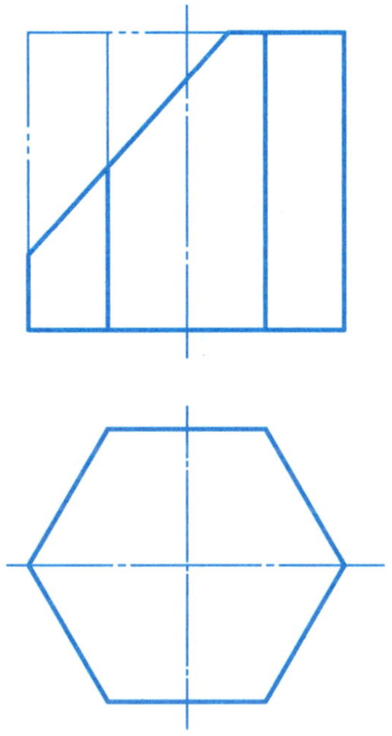

4. 画出正三棱锥的主视图，并求作其表面上点A、B、C的其他两面投影。

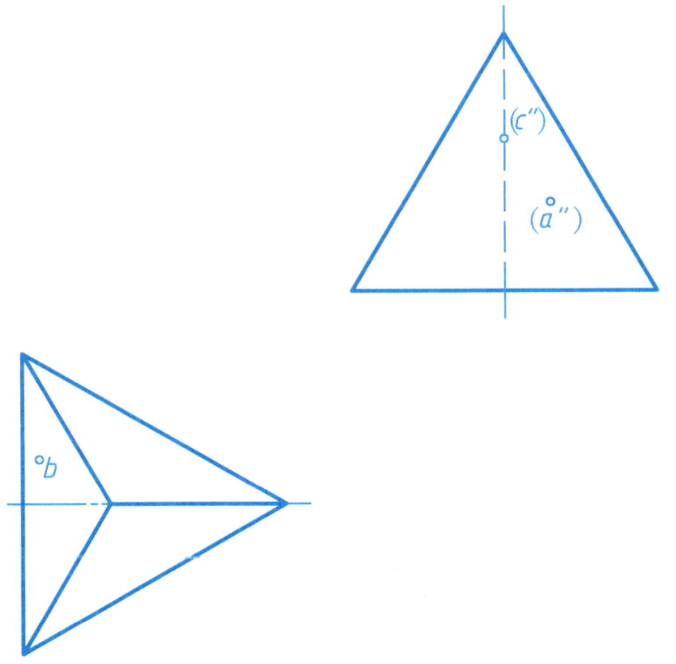

5. 补画立体的左视图。

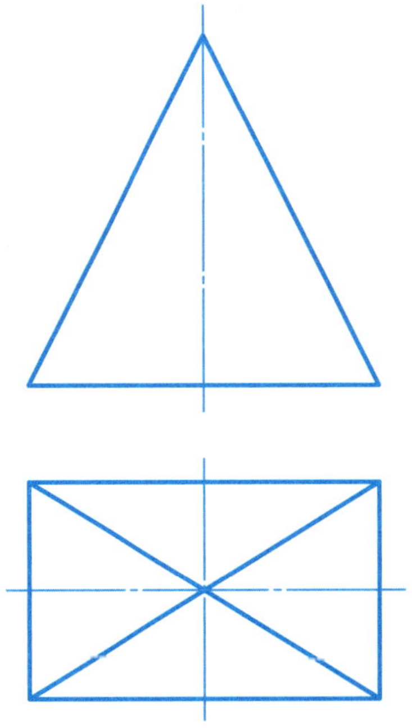

6. 补全立体的俯视图，并画出左视图。

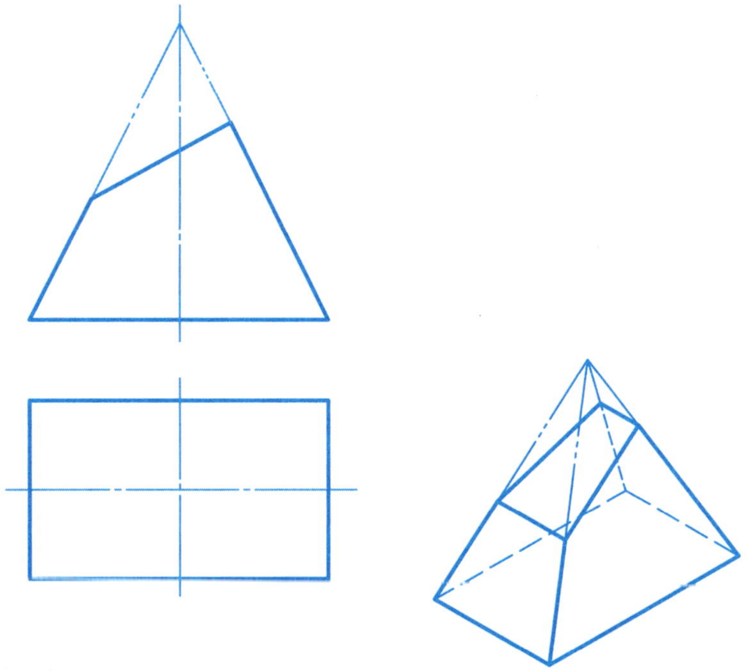

根据立体图找出相应的三视图，将对应的立体图号码填写在视图的括号内。

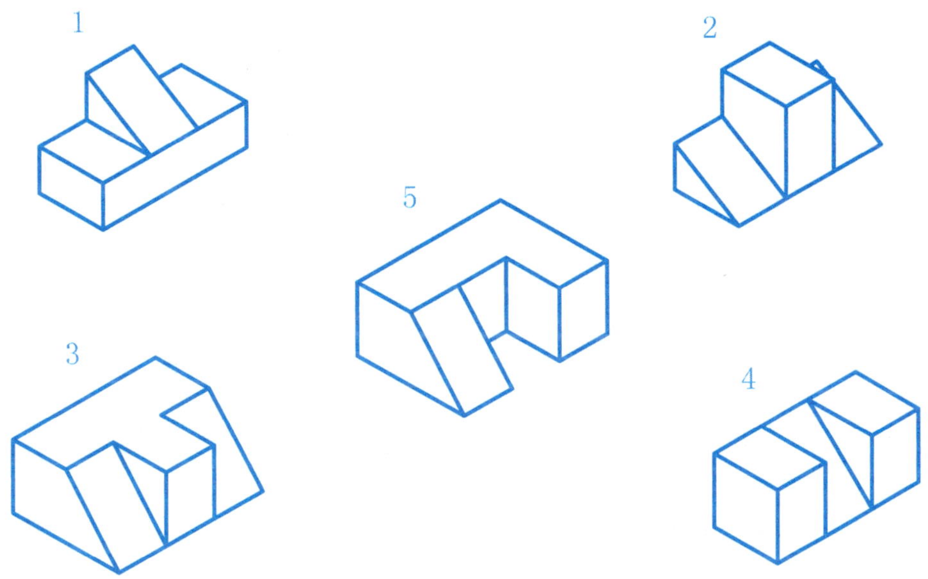

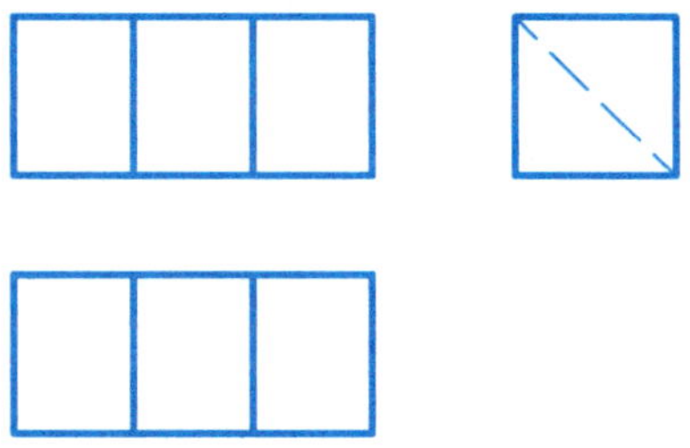

（ ）

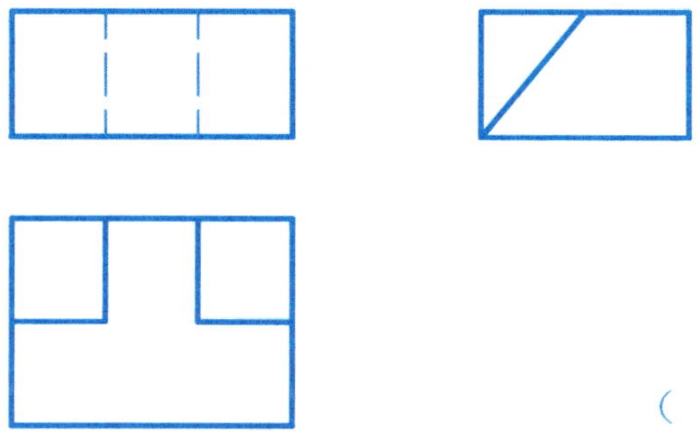

（ ）

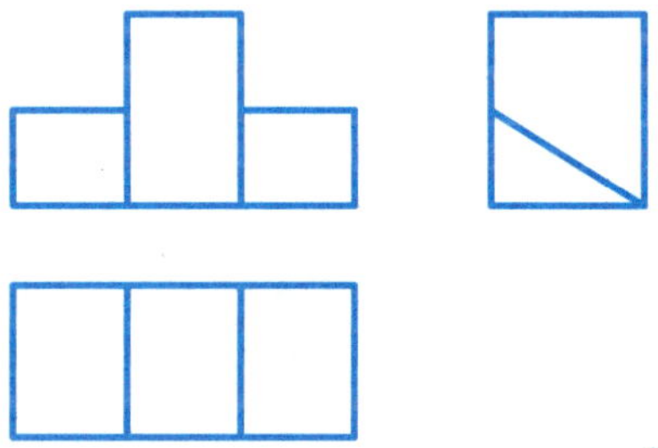

（ ）

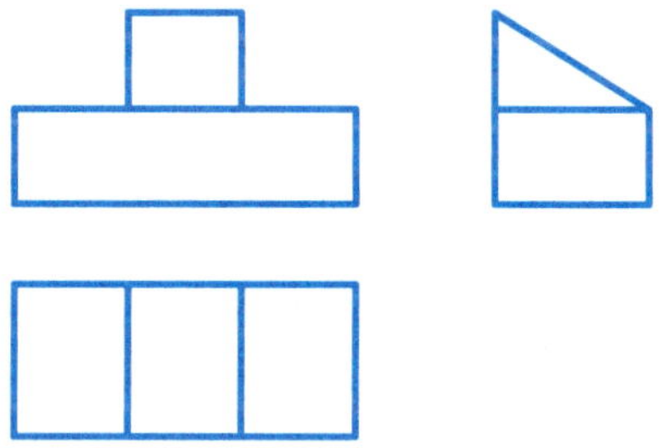

（ ）

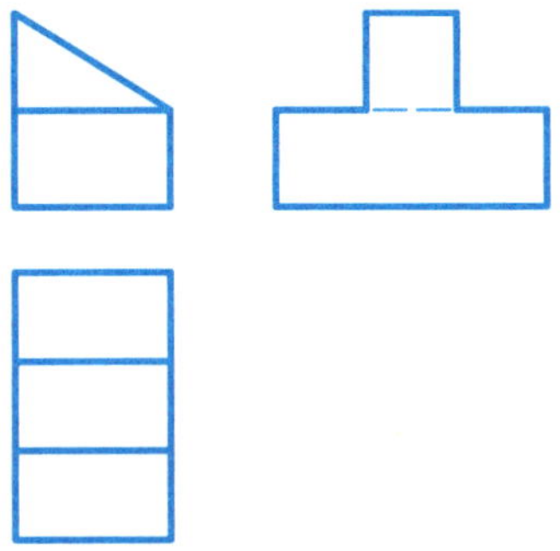

（ ）

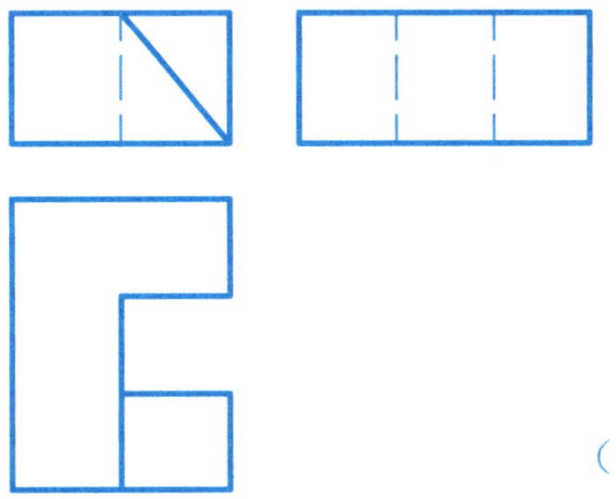

（ ）

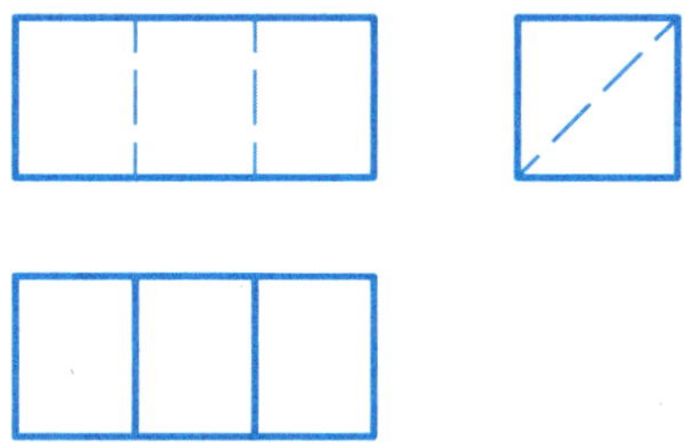

（ ）

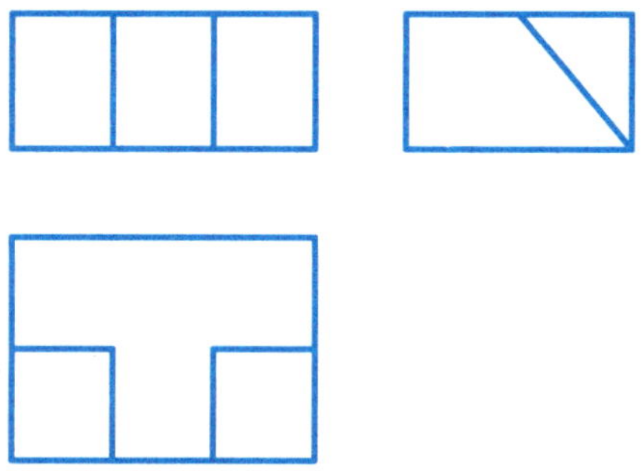

（ ）

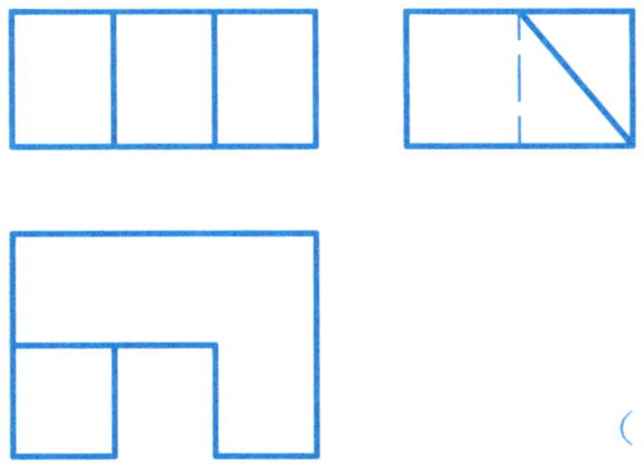

（ ）

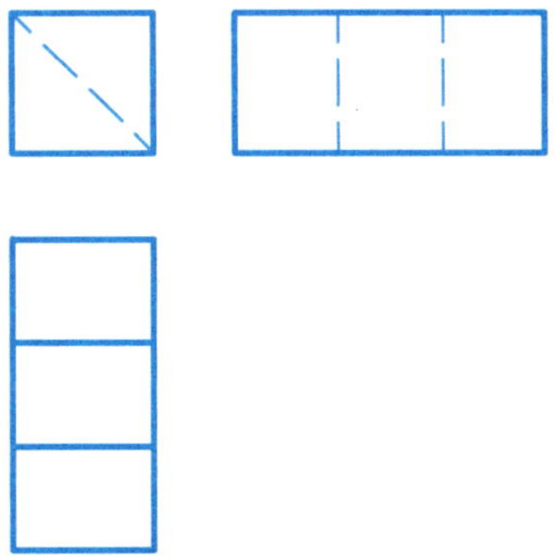

（ ）

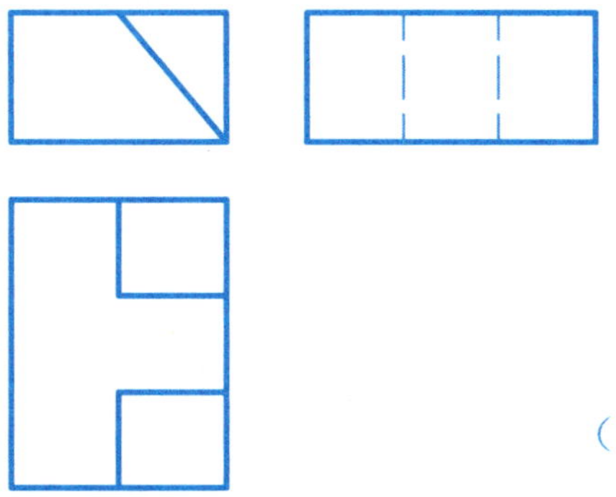

（ ）

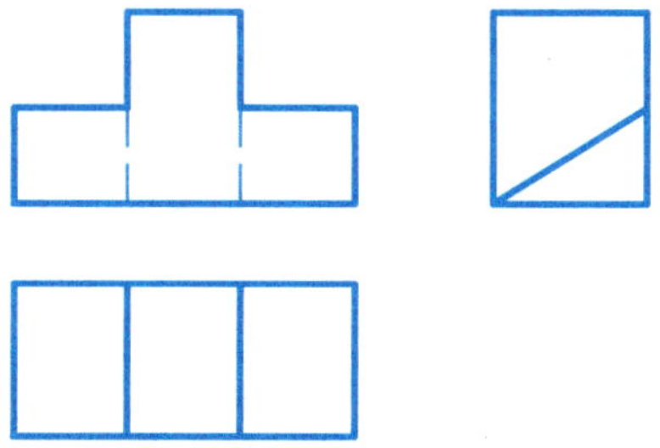

（ ）

1. 根据立体图及所注尺寸，补全其他两面视图。

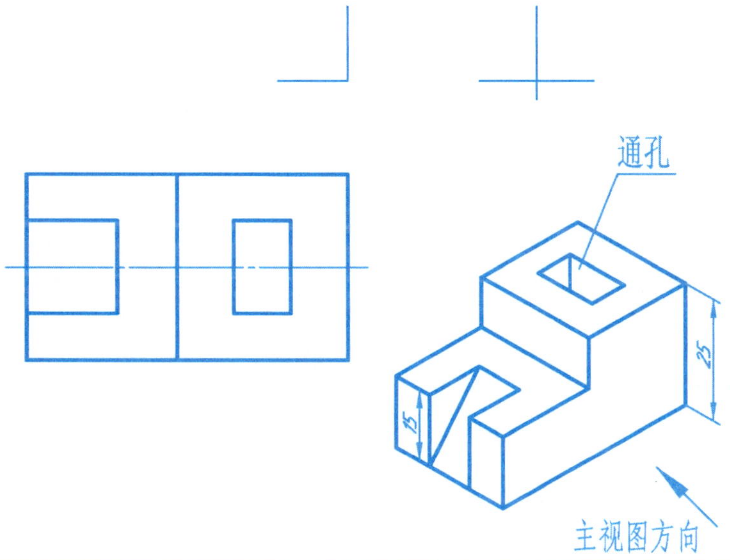

2. 根据立体图及所注尺寸，画出立体的三视图。

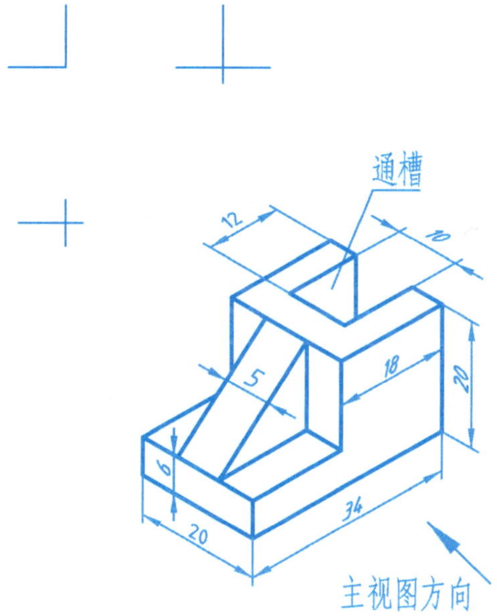

3. 根据立体图及所注尺寸，画出立体的三视图。

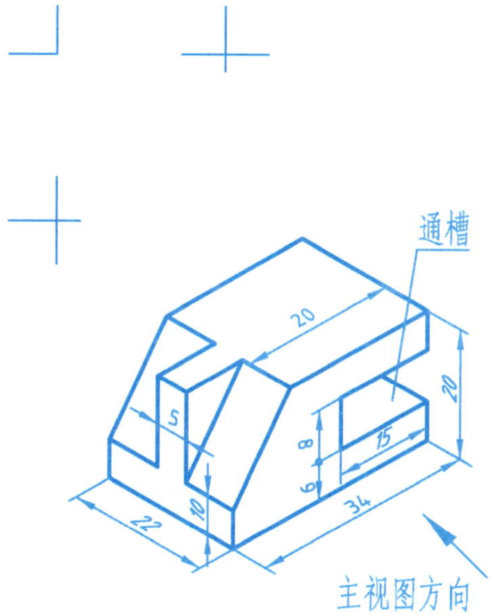

4. 补全立体的左视图。

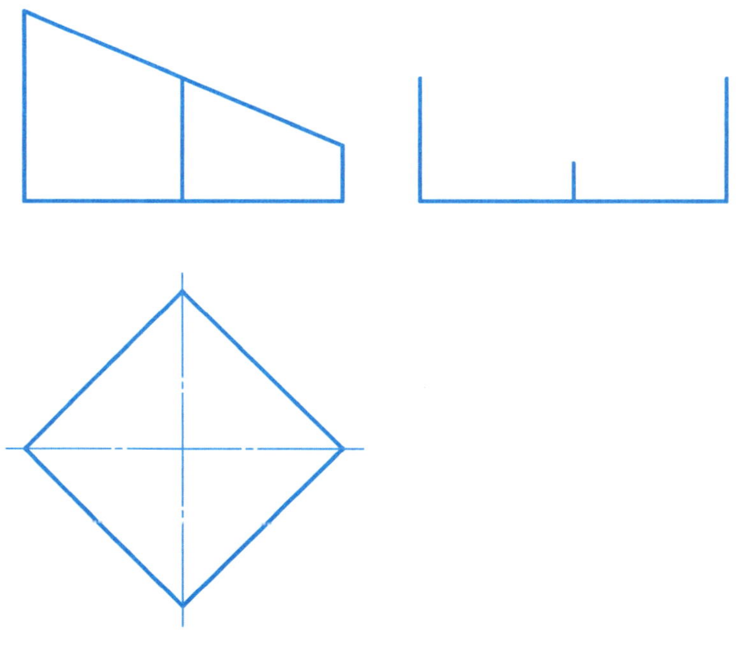

5. 补画立体的俯视图。

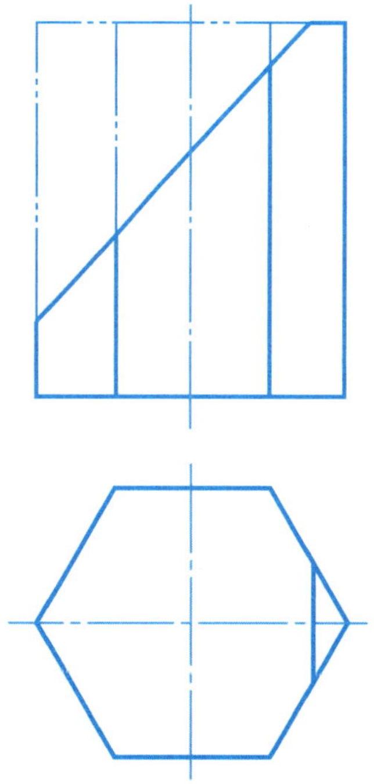

6. 补画立体的左视图。

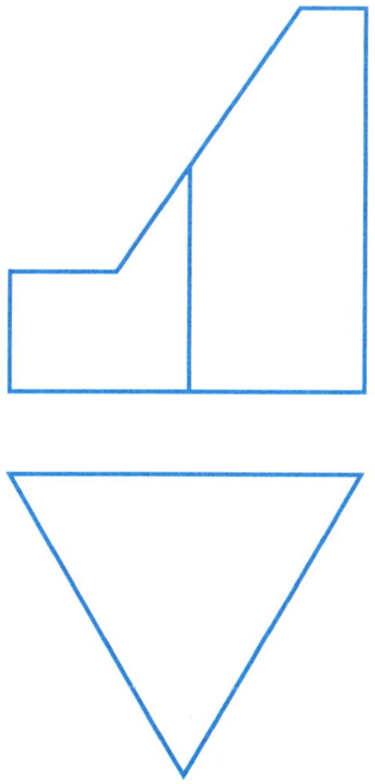

1. 补画正六棱柱被截切后的左视图。

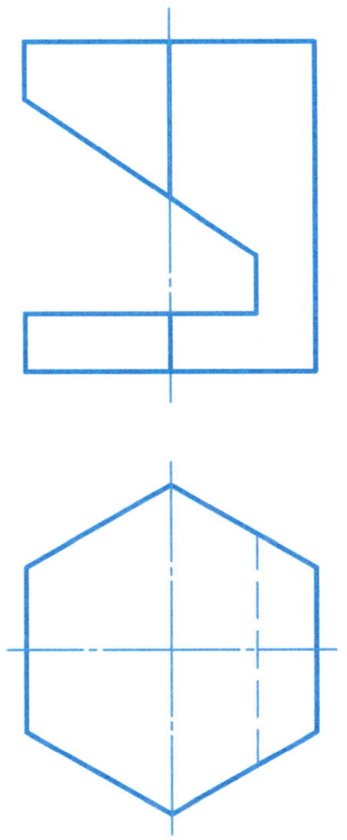

2. 补全立体的俯视图，并补画左视图。

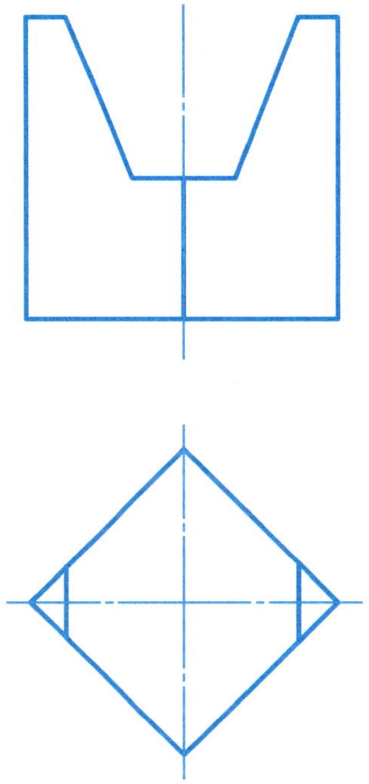

3. 补画正四棱柱被截切后的主视图。

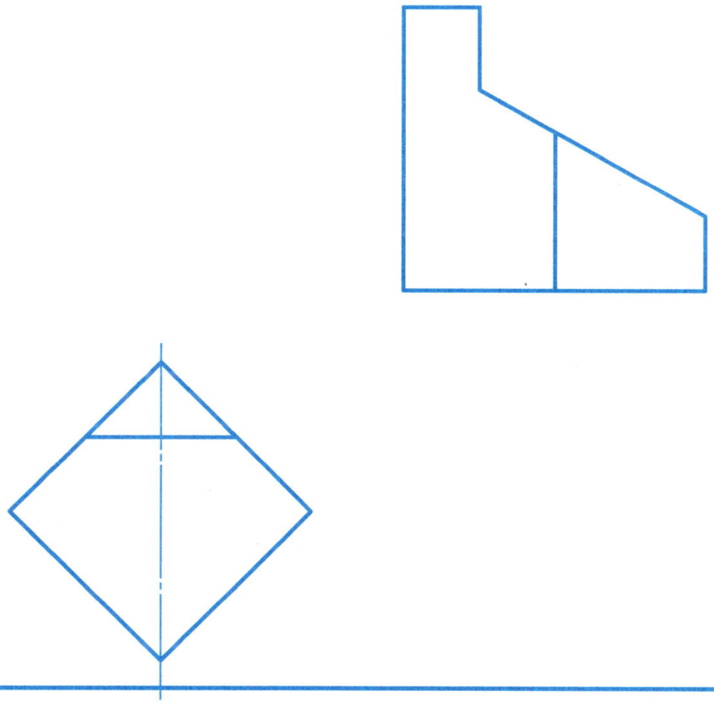

4. 补画立体的俯视图。

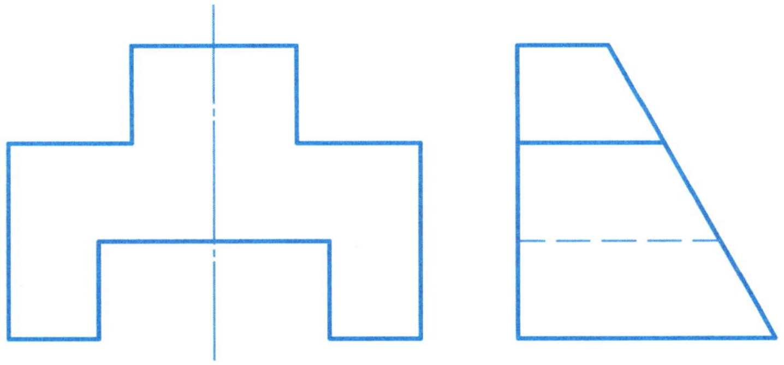

5. 补全立体的左视图，并补画俯视图。

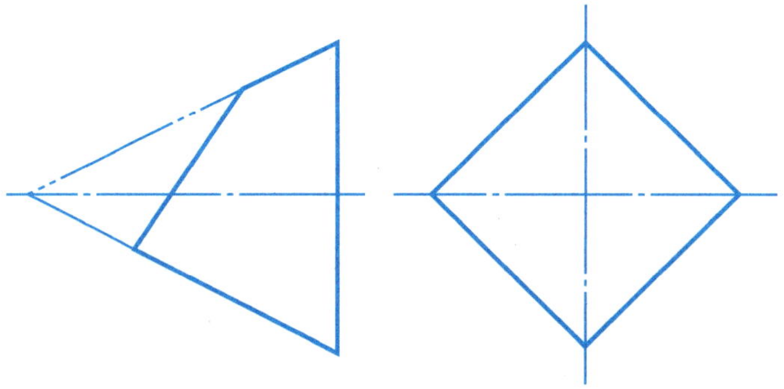

6. 补画正三棱锥被截切后的左视图。

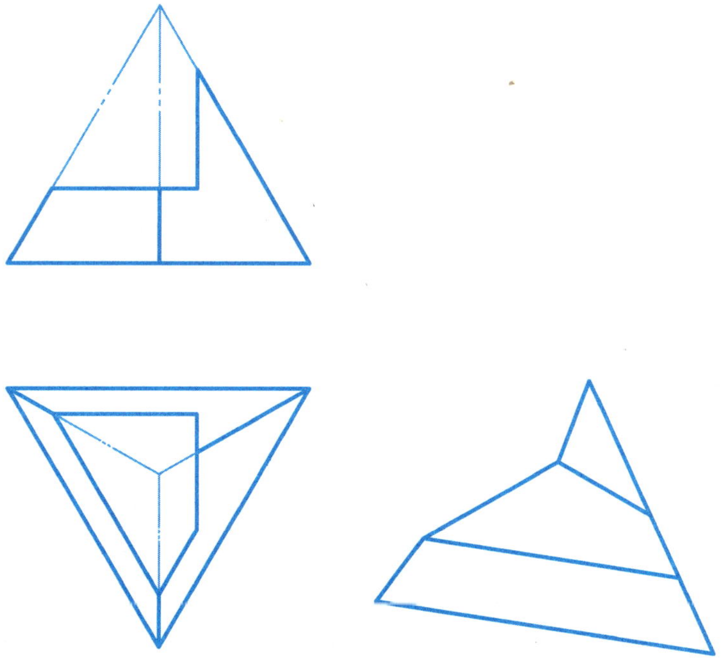

1. 画出圆柱体的俯视图，并求作表面上点A、B、C的其他两面投影。

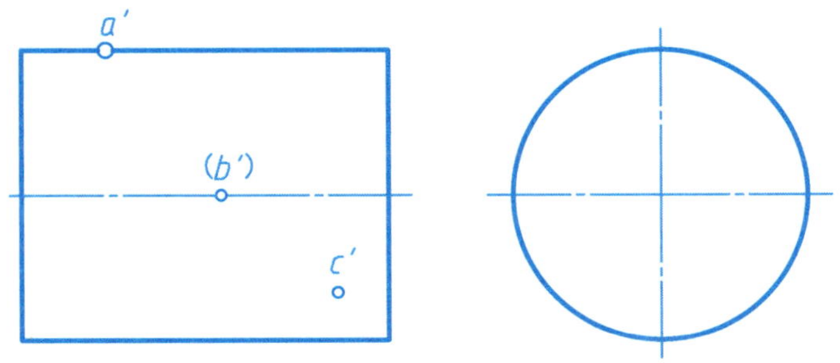

2. 画出圆锥的左视图，并求作表面上点A、B、C、D的另外两面投影。

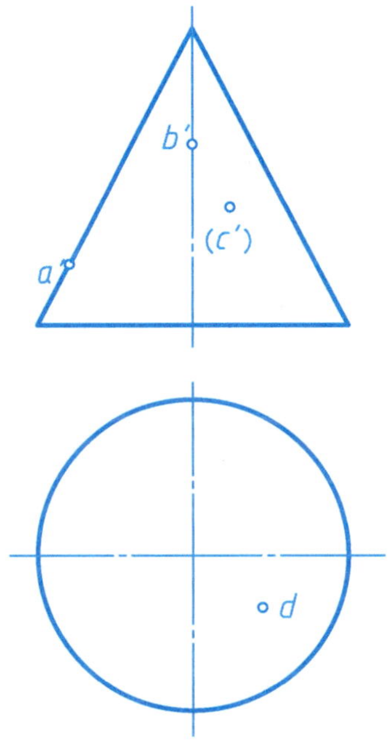

3. 画出圆球的主视图，并求作表面上点A、B、C的另外两面投影。

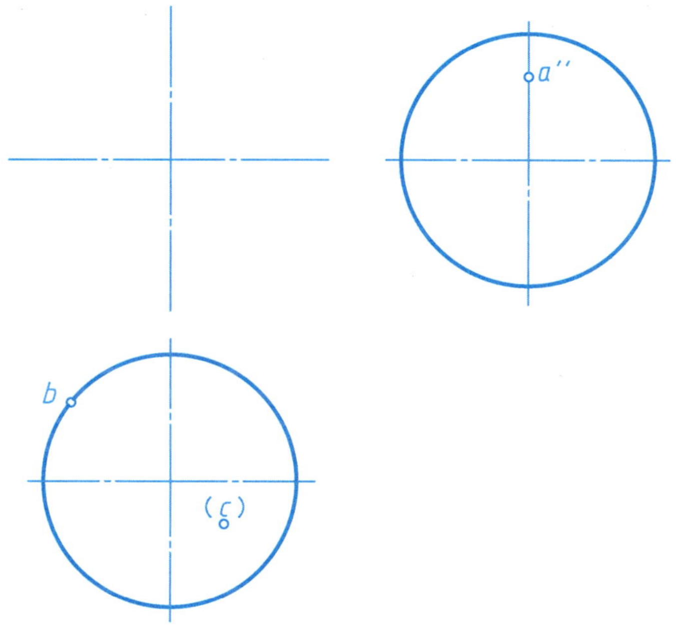

4. 补画圆柱表面上线段的其他两面投影。

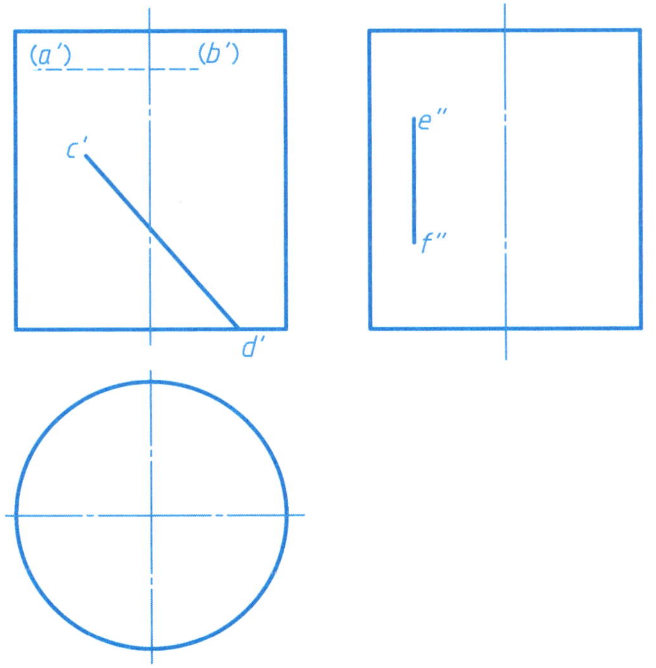

5. 补画圆锥表面上线段的其他两面投影。

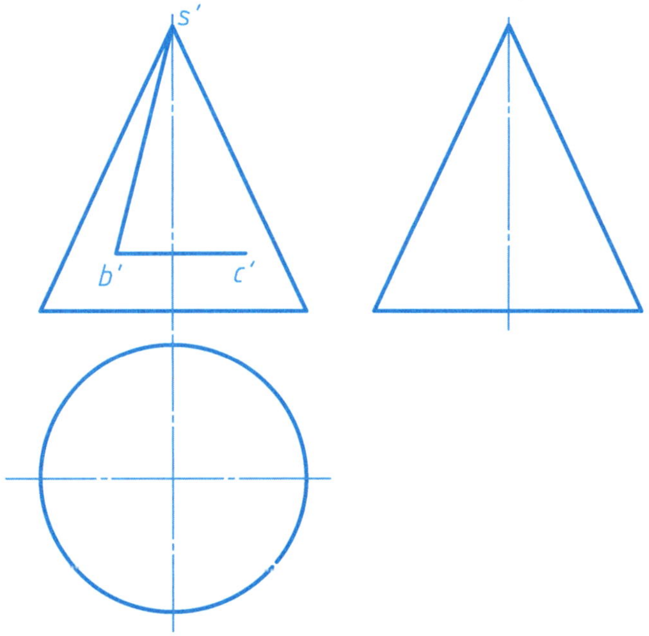

6. 作出球面上线段AB、BC的另外两面投影。

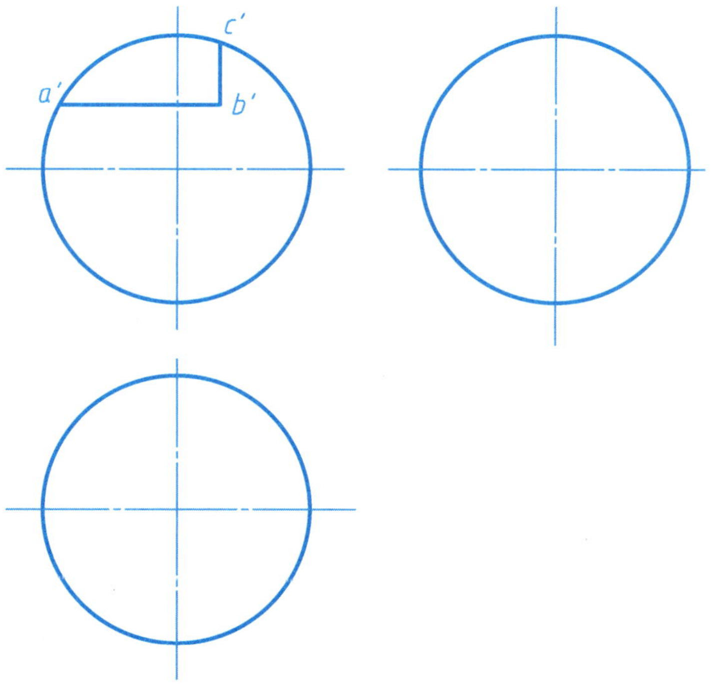

1. 已知立体的正面投影和水平投影，求作侧面投影，并分析立体的形状，填写在横线内。

(1)

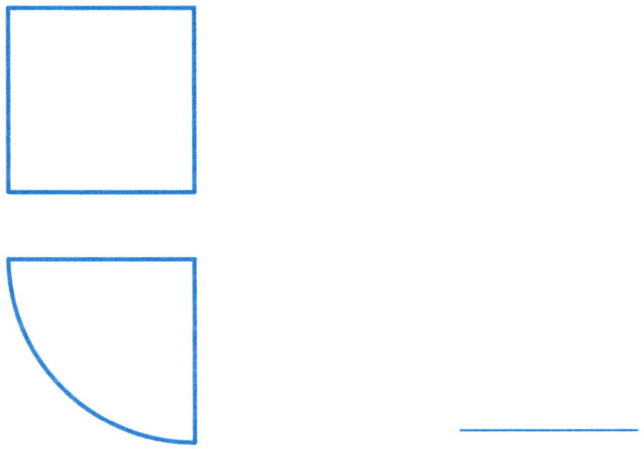

(2)

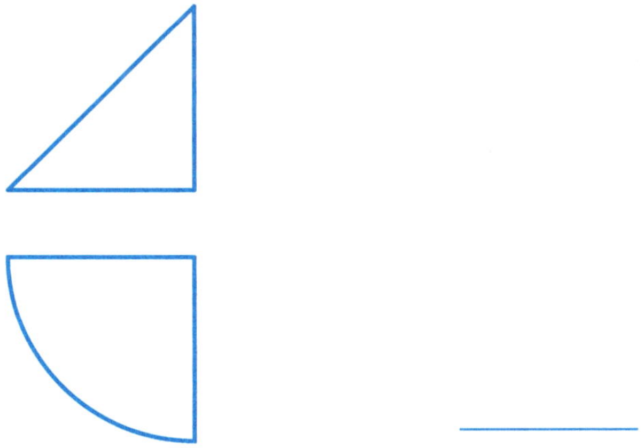

(3)

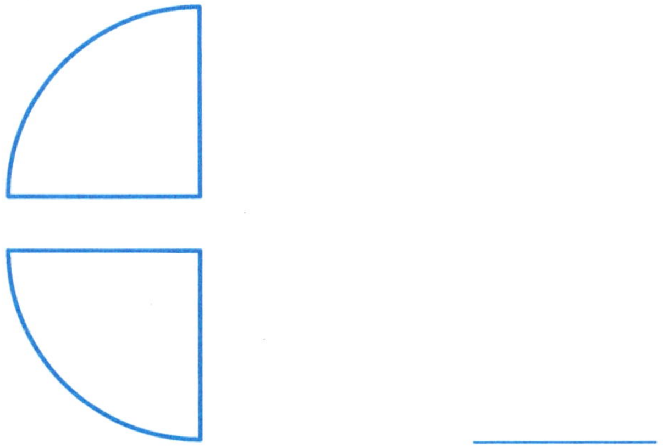

2. 补画圆柱表面上线段的其他两面投影。

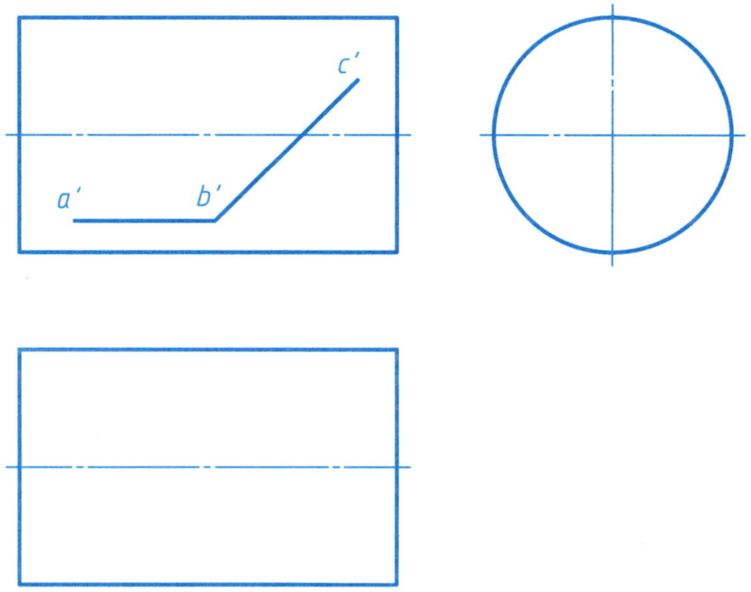

3. 补画半圆球表面上各点的其余两面投影。

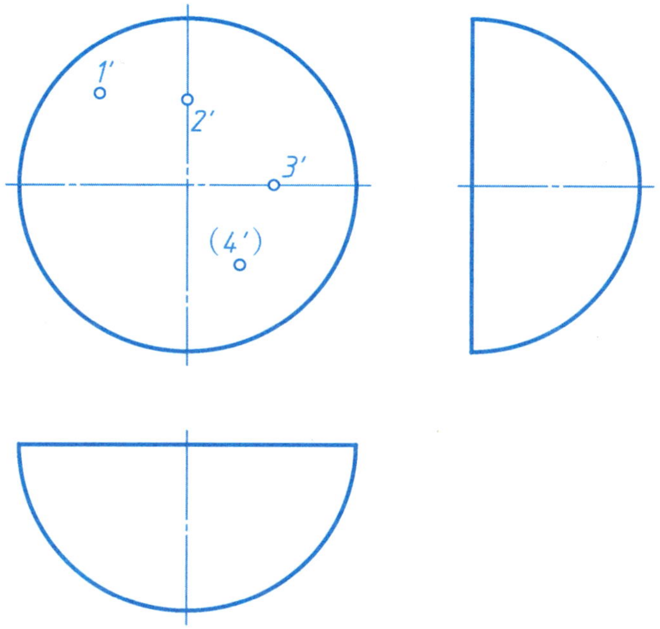

4. 补画圆锥表面上线段的其他两面投影。

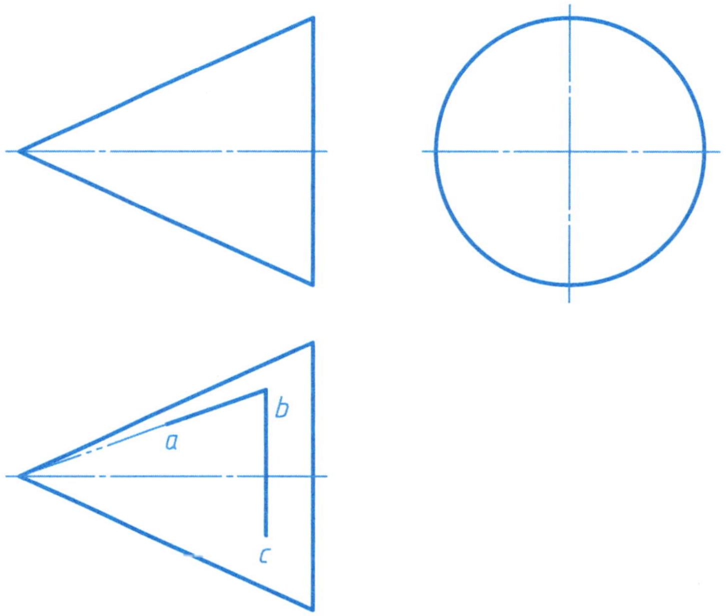

5. 补画1/4圆球表面上线的其余两面投影。

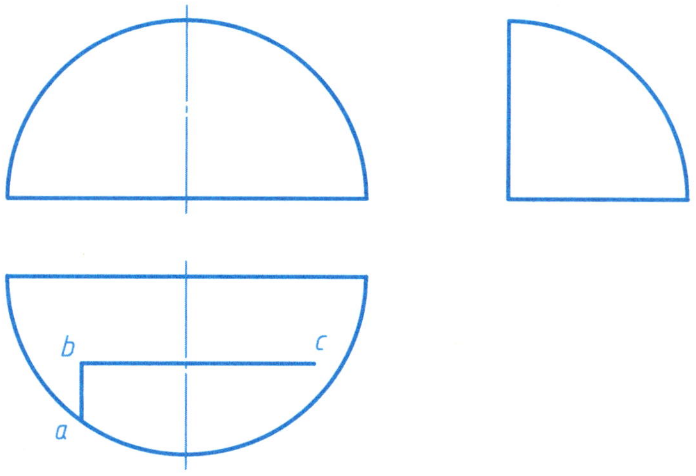

1. 画出左视图。

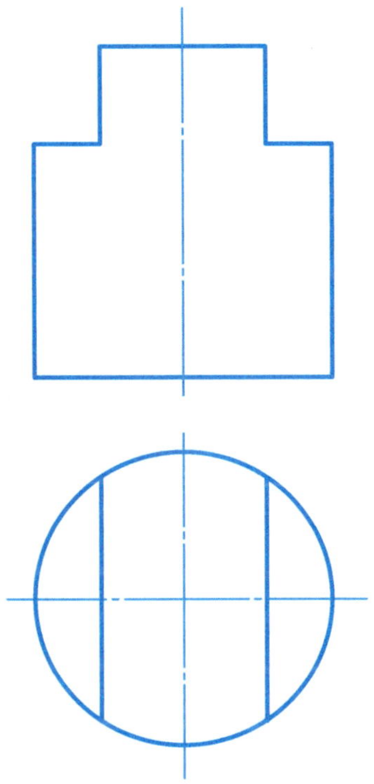

2. 画出左视图。

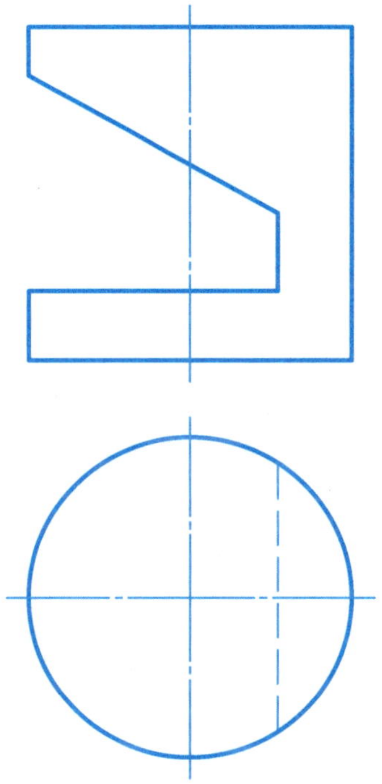

3. 画全主视图和俯视图。

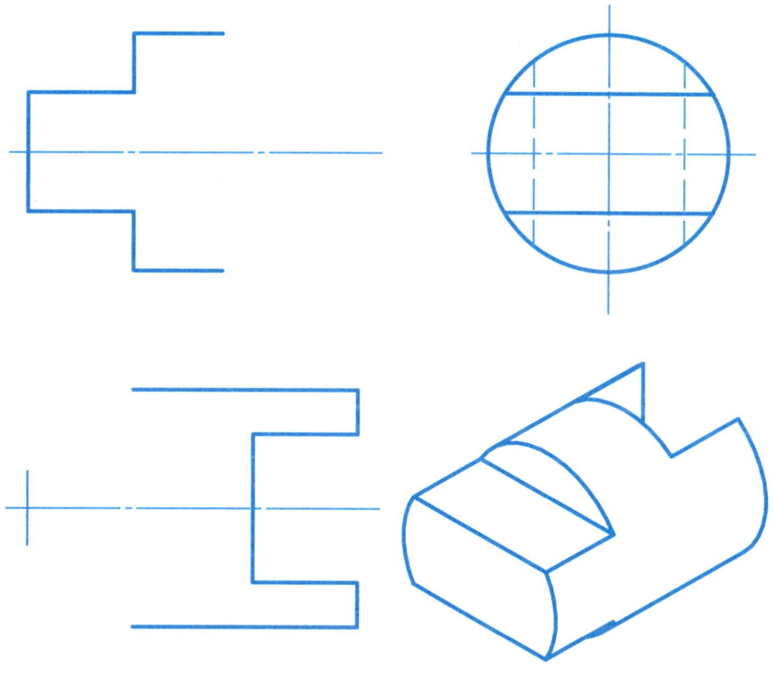

4. 画全圆锥被截切后的俯视图，并画出左视图。

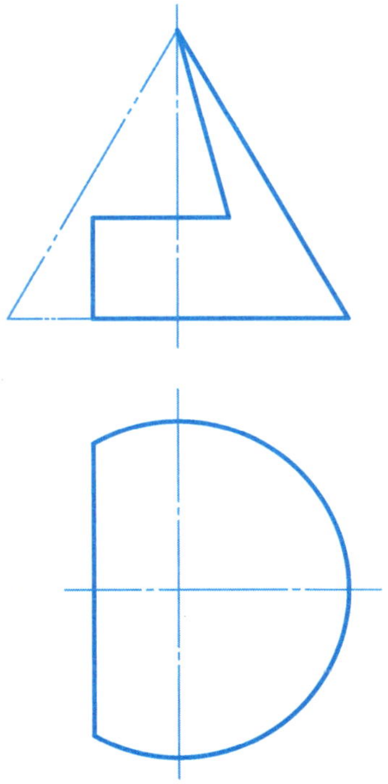

5. 画全俯视图，并画出左视图。

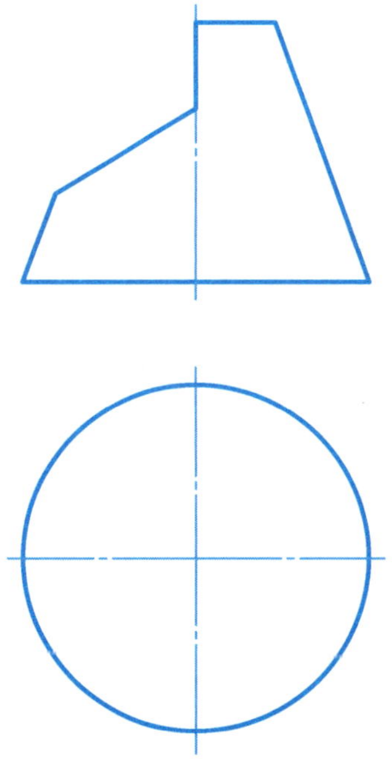

6. 补画开槽半球的俯视图和左视图。

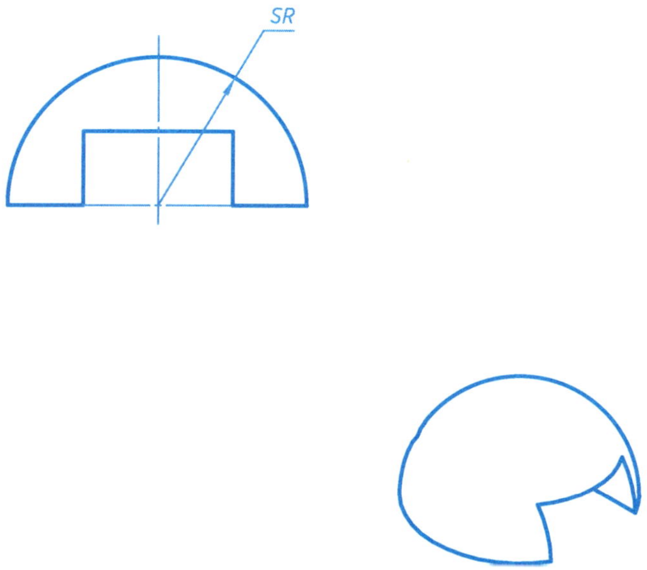

1. 画出主视图。

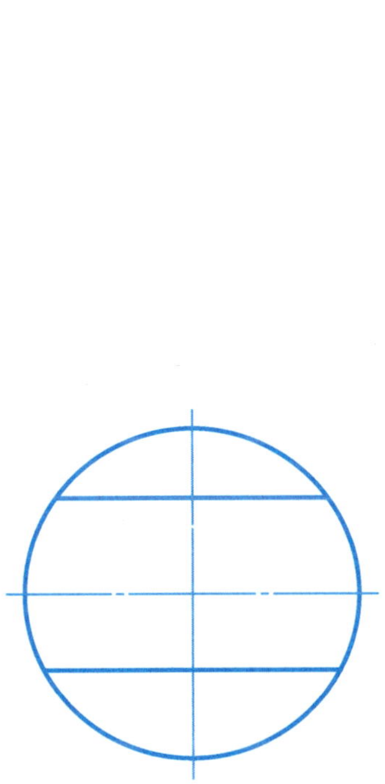

2. 画出主视图。

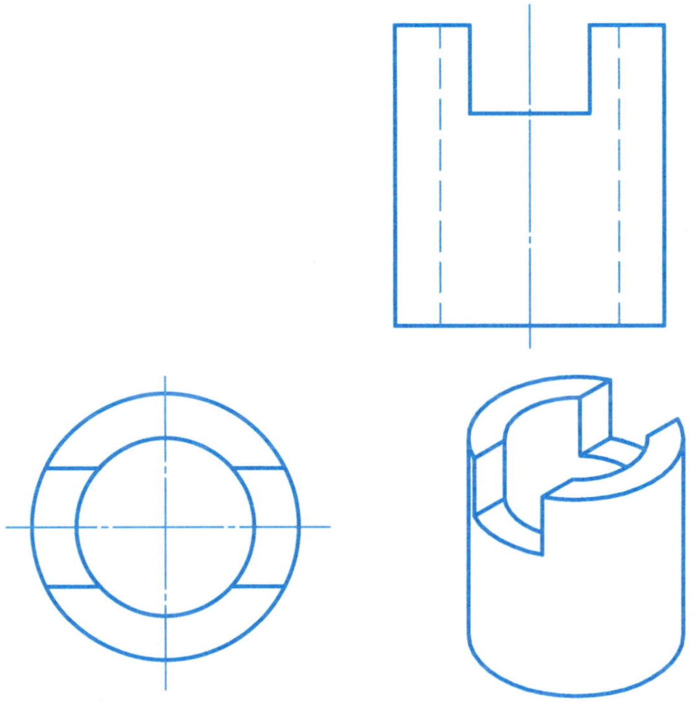

3. 补画圆柱被截切的主视图和俯视图。

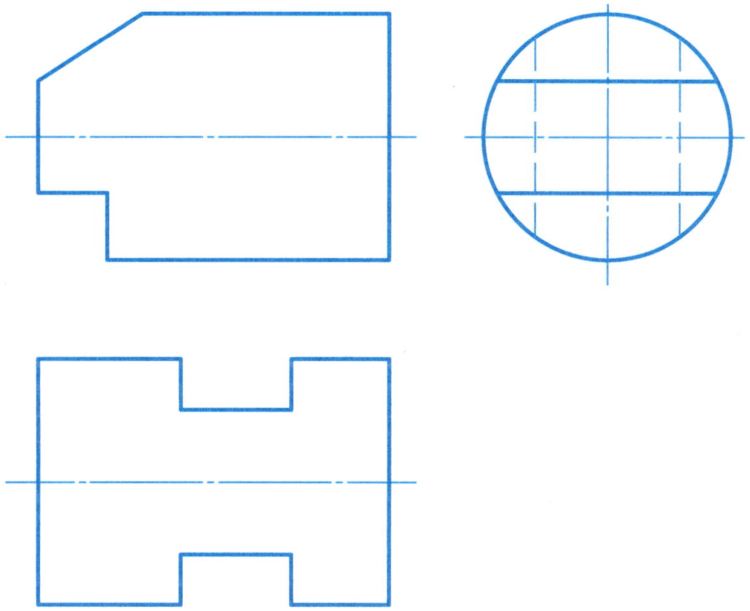

4. 画出圆柱被截切后的左视图。

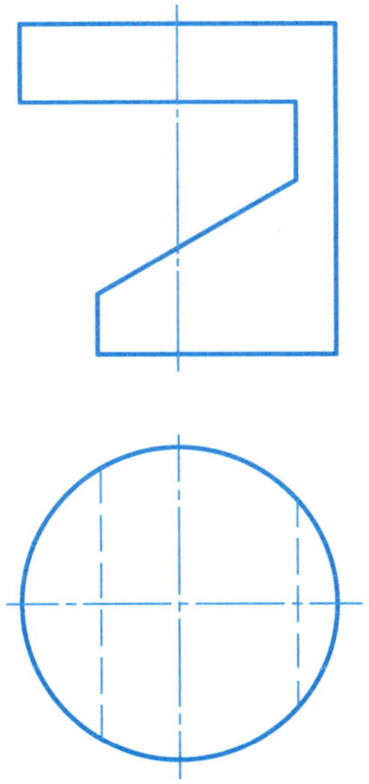

5. 画出左视图。

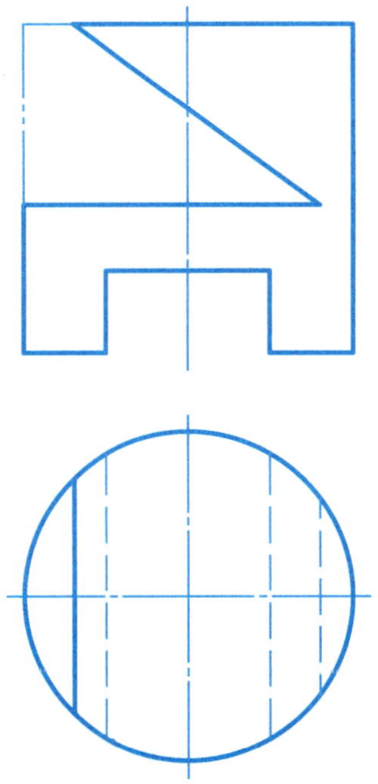

6. 画全俯视图，并画出左视图。

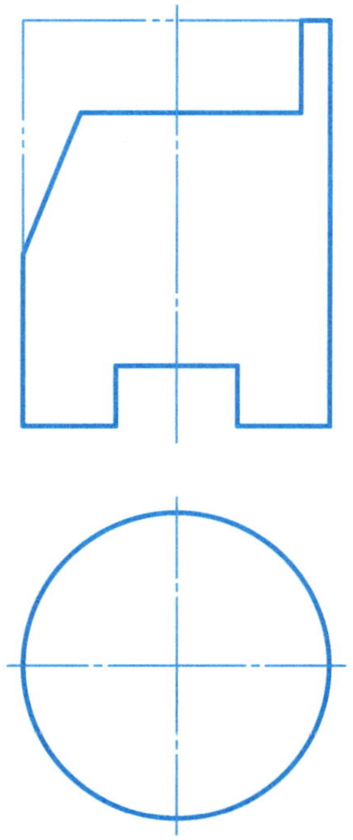

1. 补全主视图和俯视图。

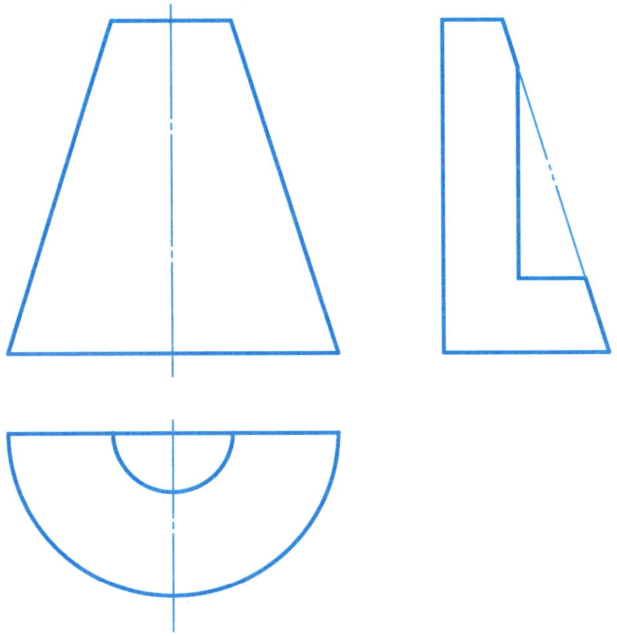

2. 画全俯视图，并画出左视图。

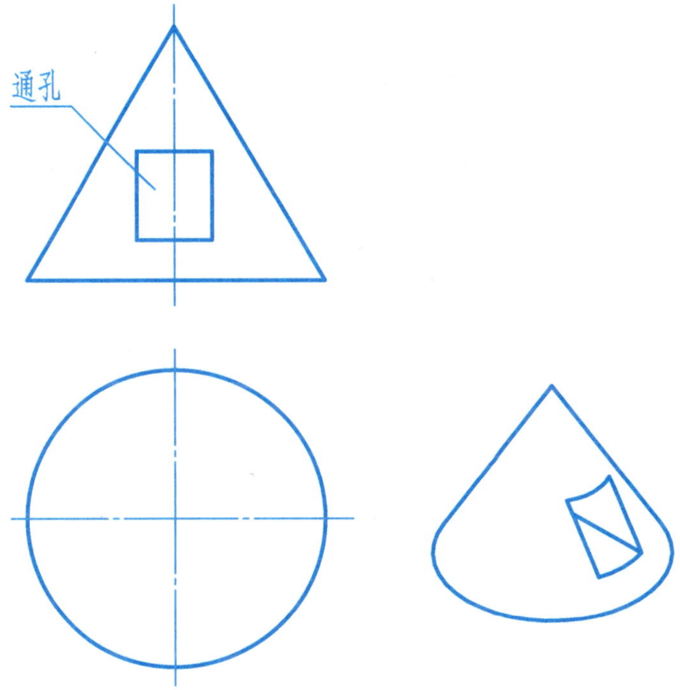

3. 画全圆锥被截切后的俯视图，并画出左视图。

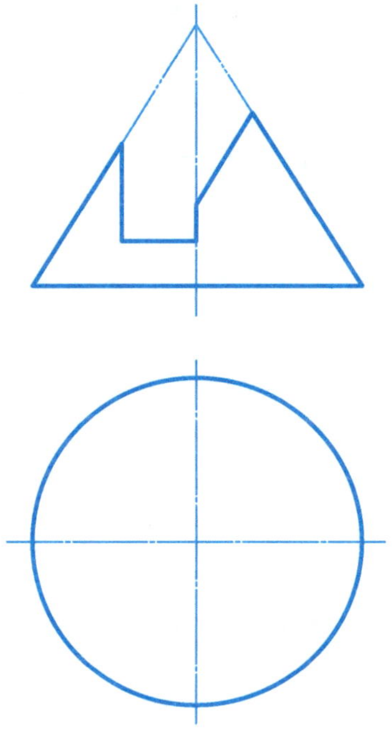

4. 画全圆锥被截切后的俯视图，并画出左视图。

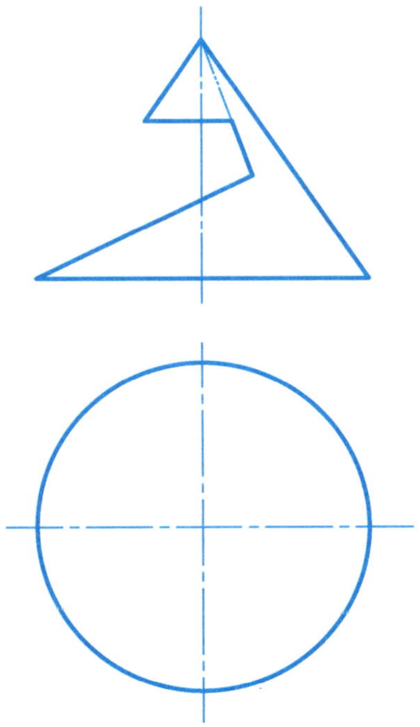

5. 画出圆球被截切后的左视图。

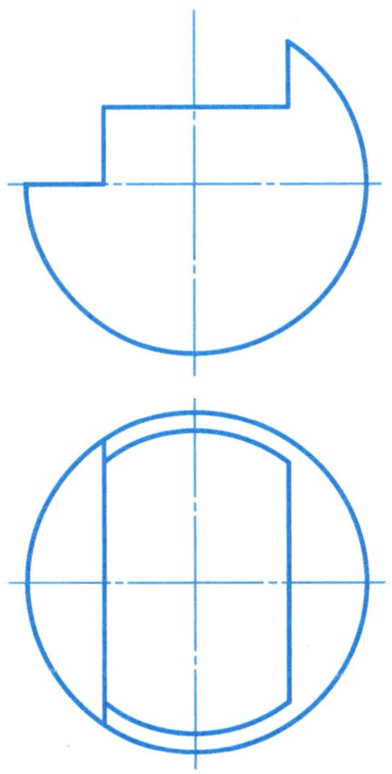

6. 画出俯视图。

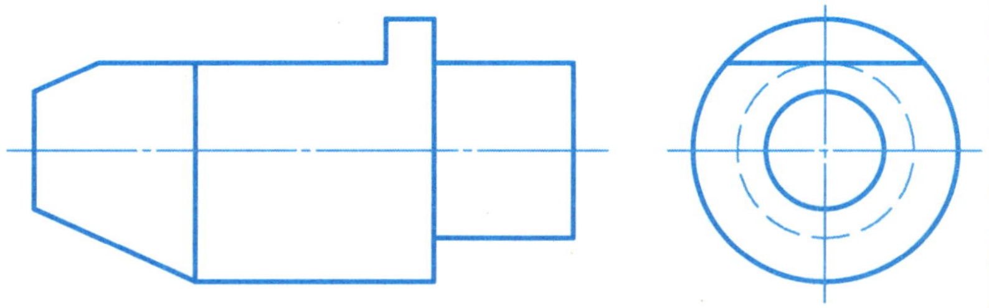

1. 补全主视图（保留作图线）。

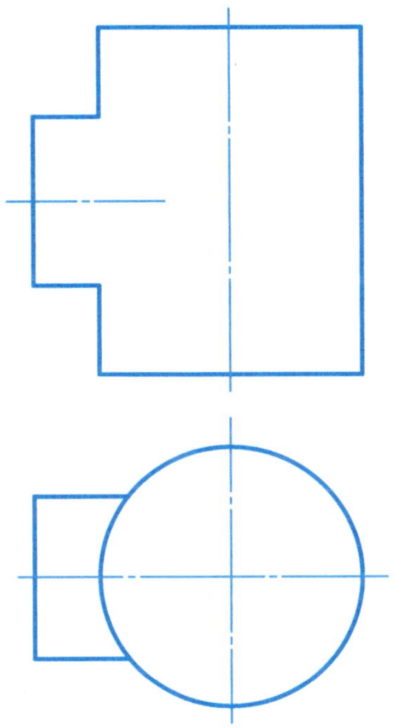

2. 补全主视图。

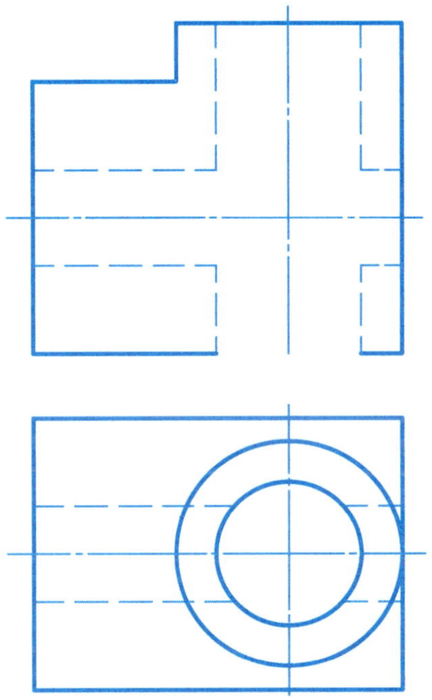

3. 补全左视图。

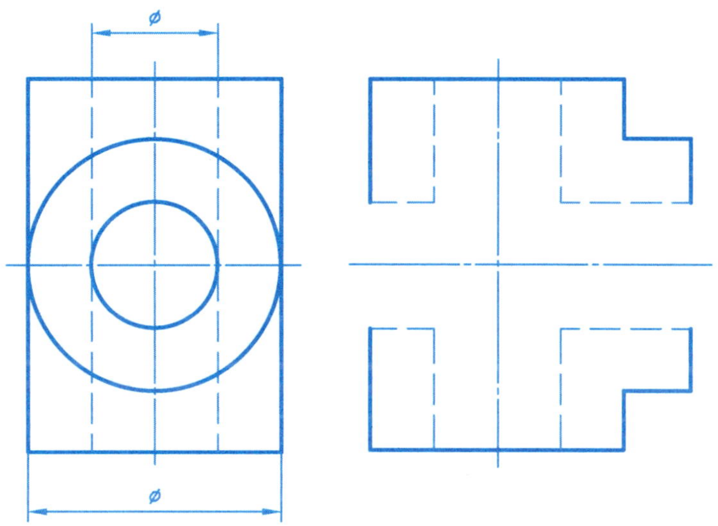

4. 已知俯视图和左视图，画全主视图。

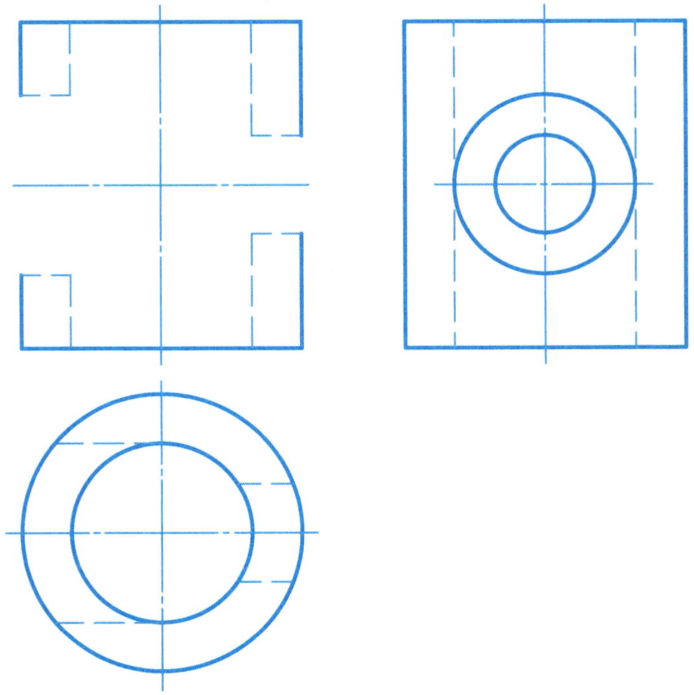

5. 补全俯视图和左视图。

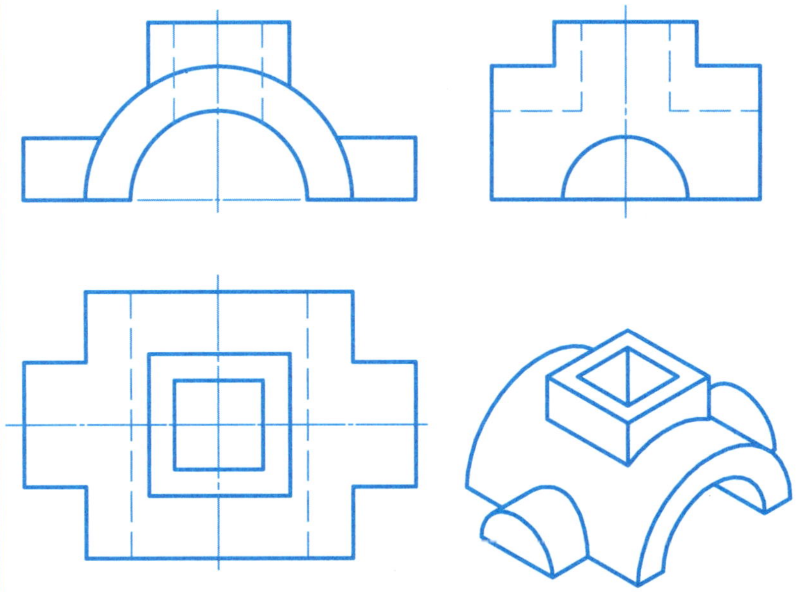

6. 补全主视图。

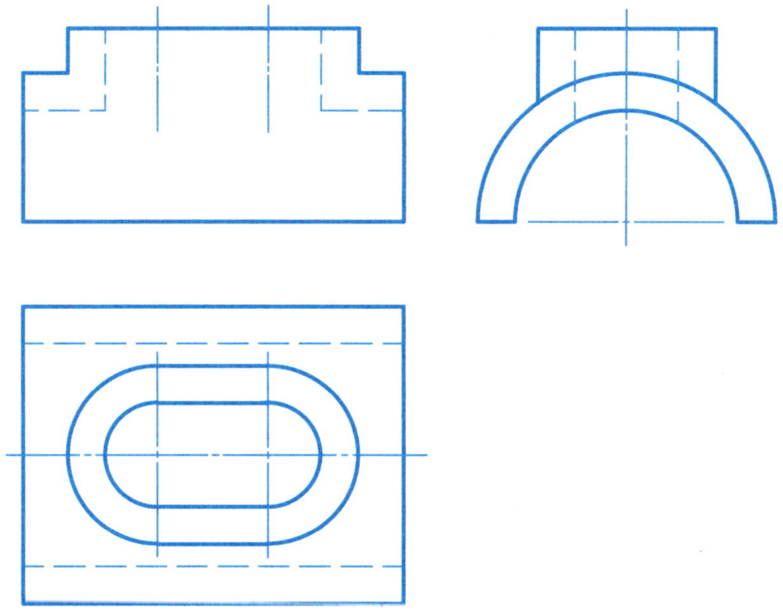

1. 补全主视图。

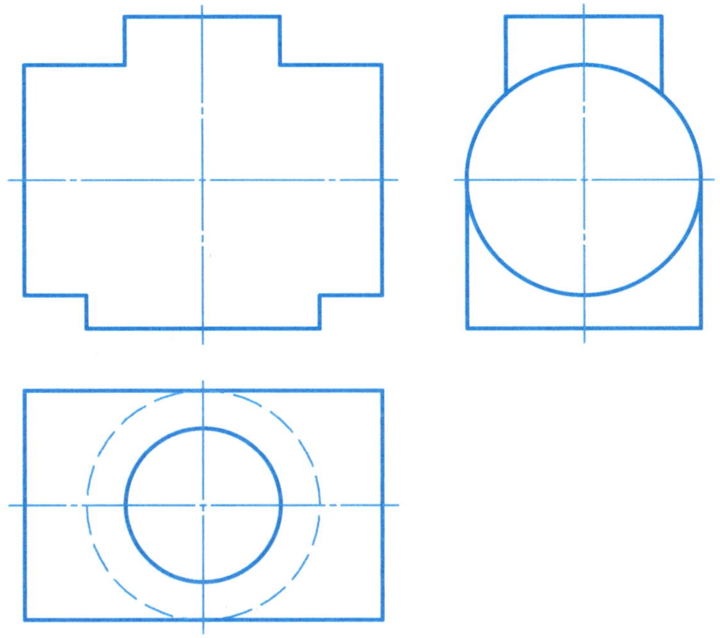

2. 画出左视图。

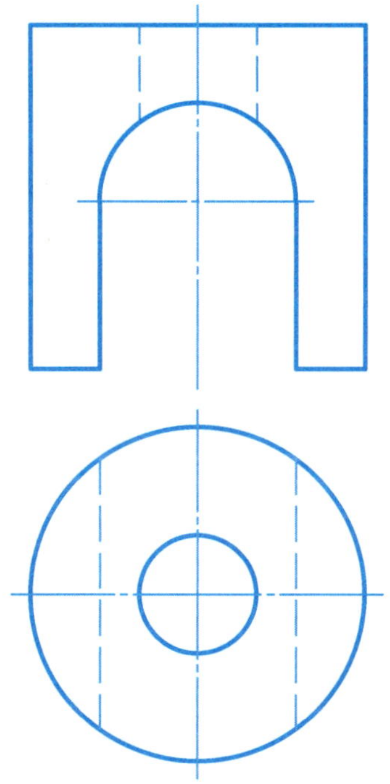

3. 画出主视图。

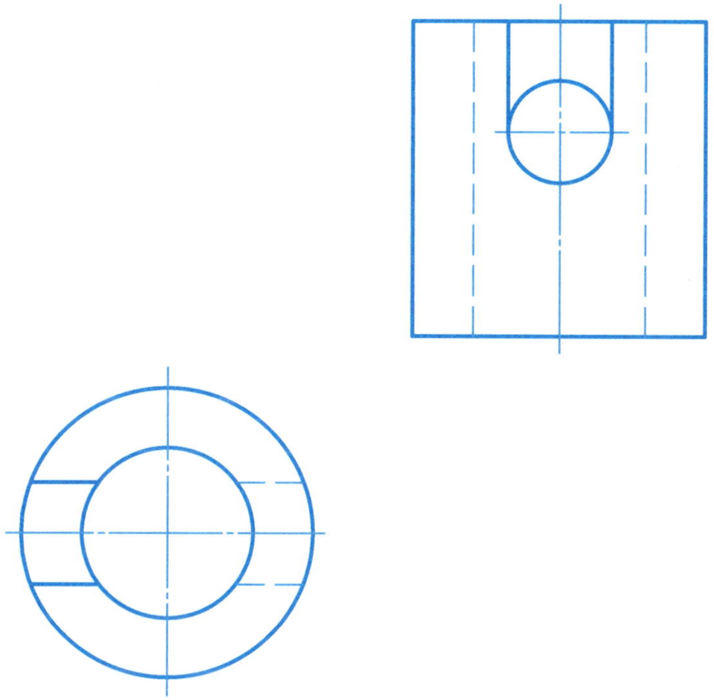

4. 画出俯视图。

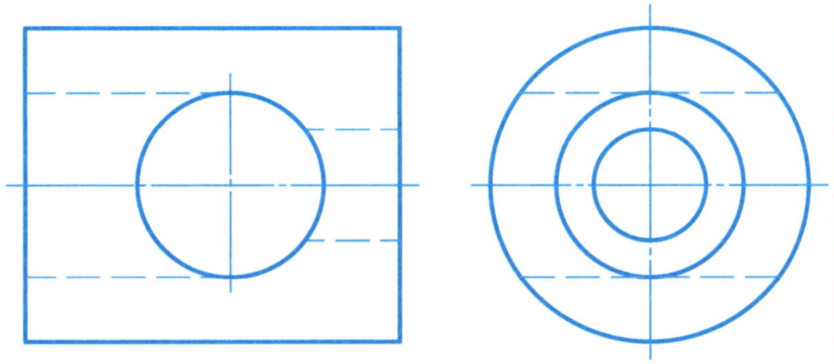

5. 画出主视图。

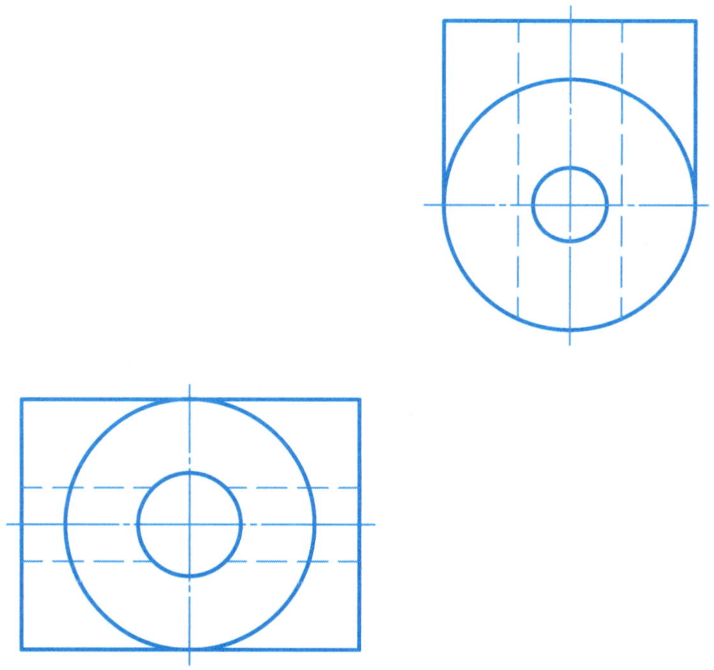

6. 画出左视图。

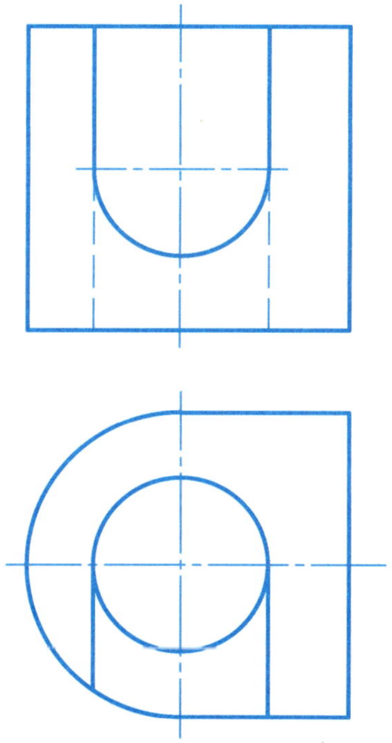

1. 画出各立体的左视图。

(1)

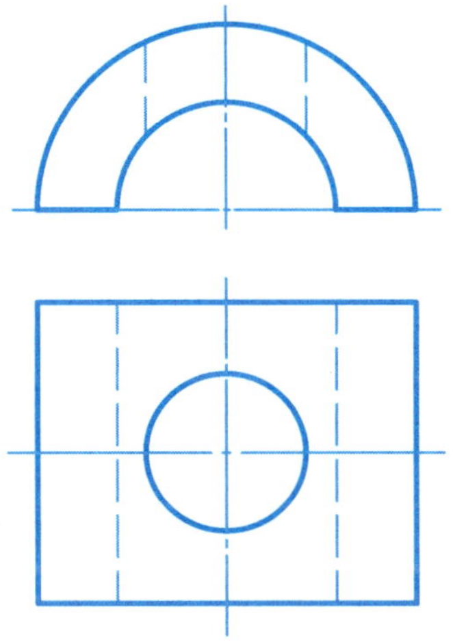

(2)

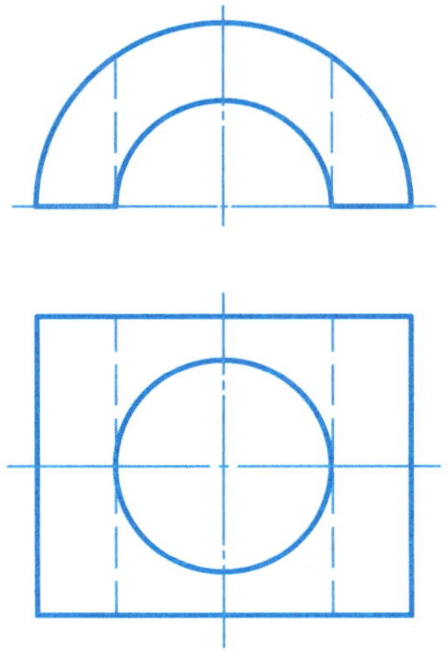

(3)

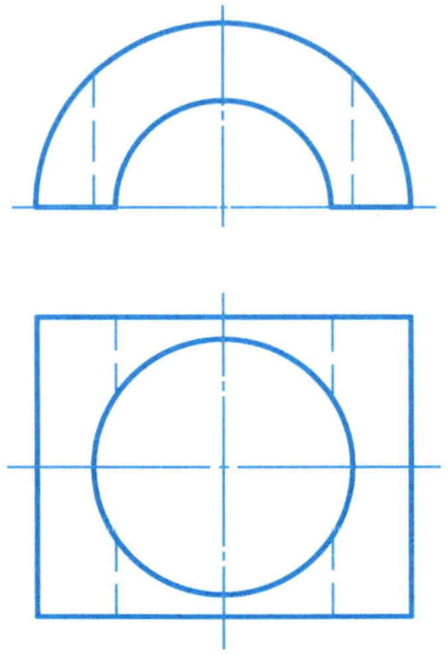

2. 补全主视图和俯视图。

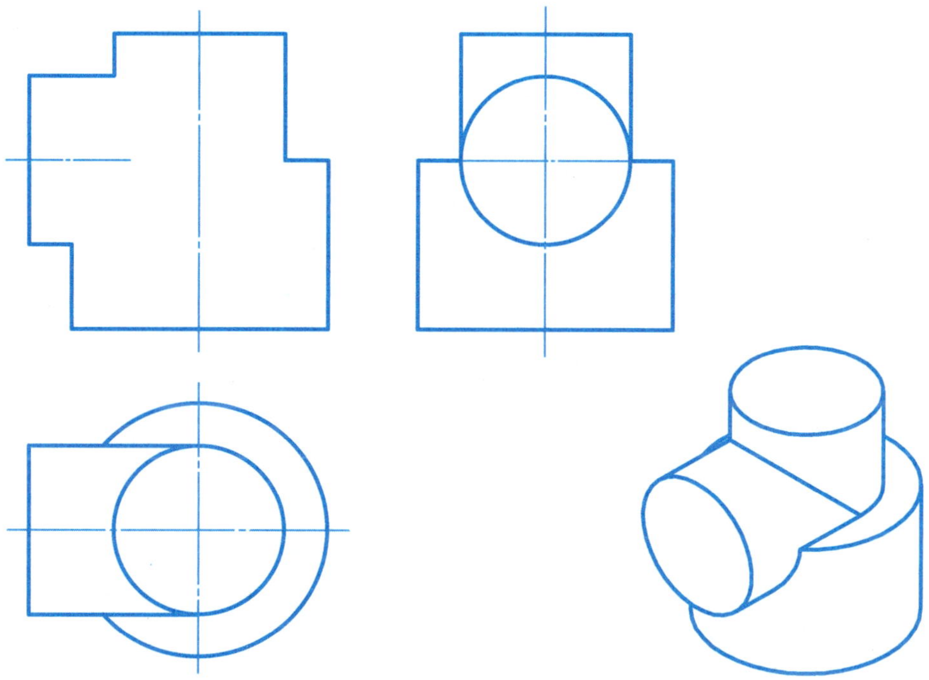

3. 补全主视图，并画出俯视图。

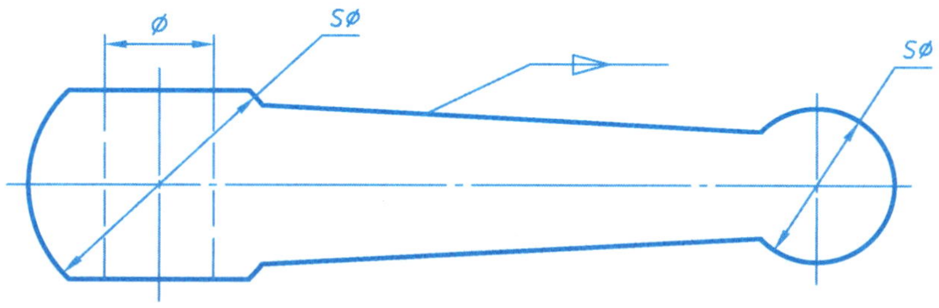

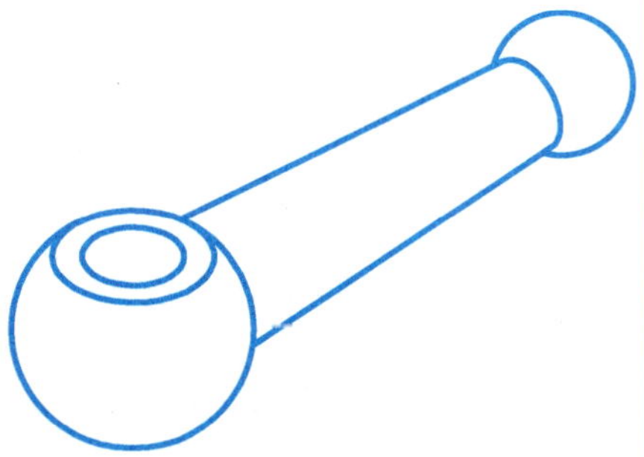

1. 选择正确的主视图，在括号内画√。

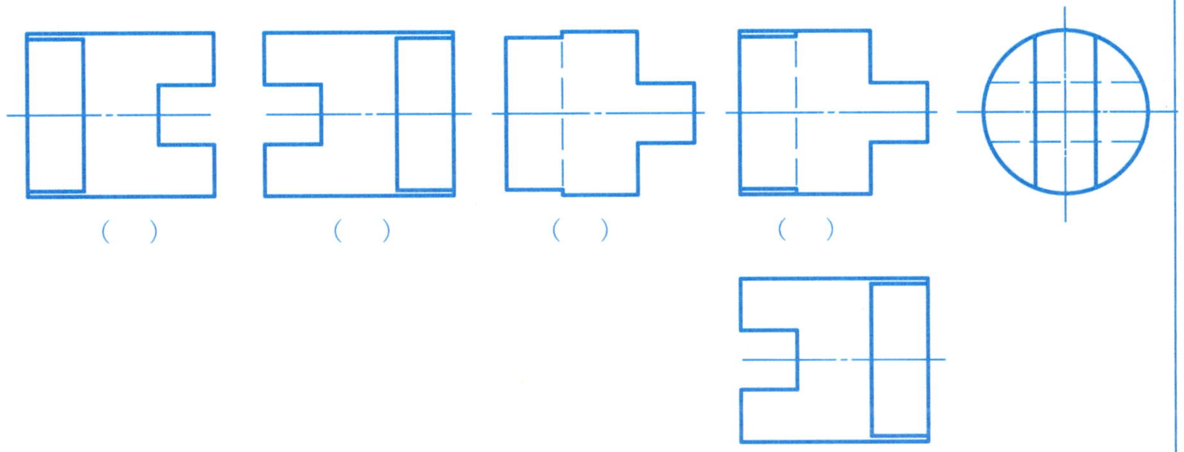

2. 选择正确的左视图，在括号内画√。

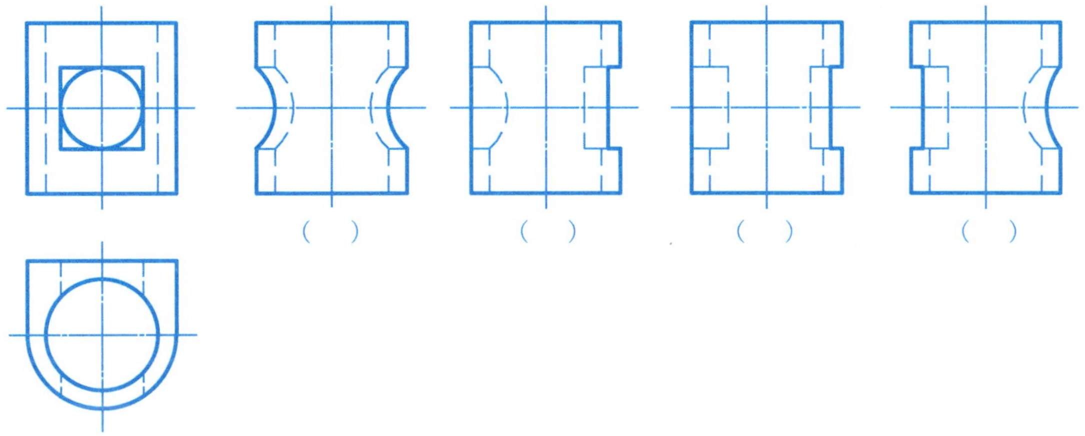

3. 选择正确的左视图，在括号内画√。

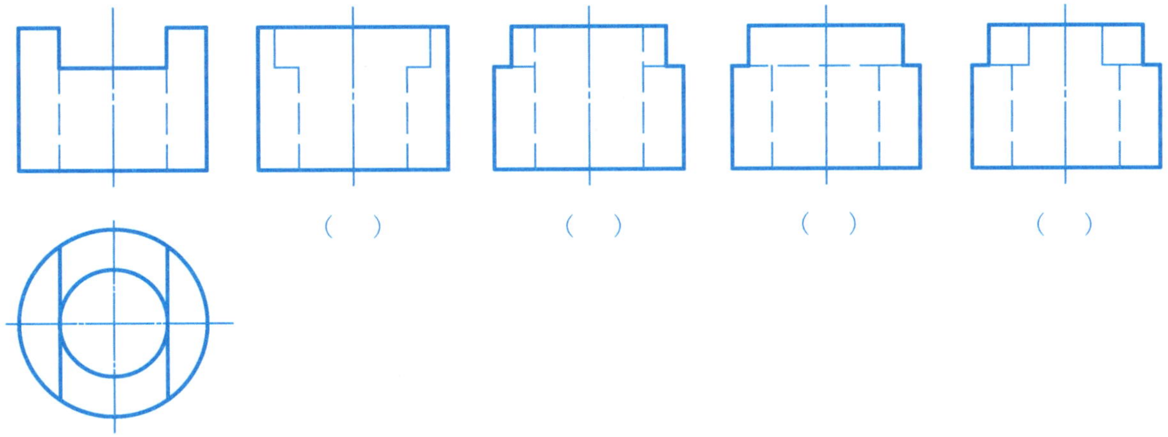

4. 选择正确的左视图，在括号内画√。

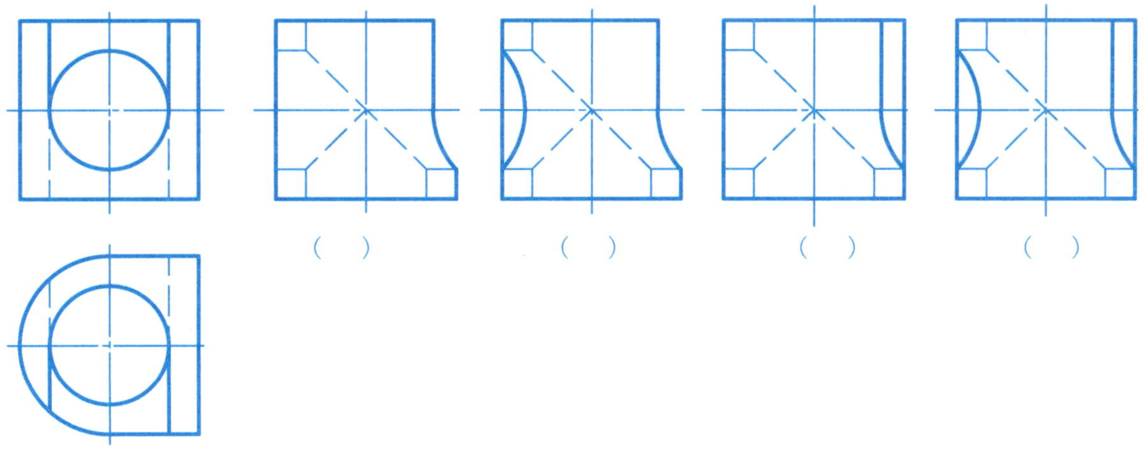

5. 选择正确的左视图，在括号内画√。

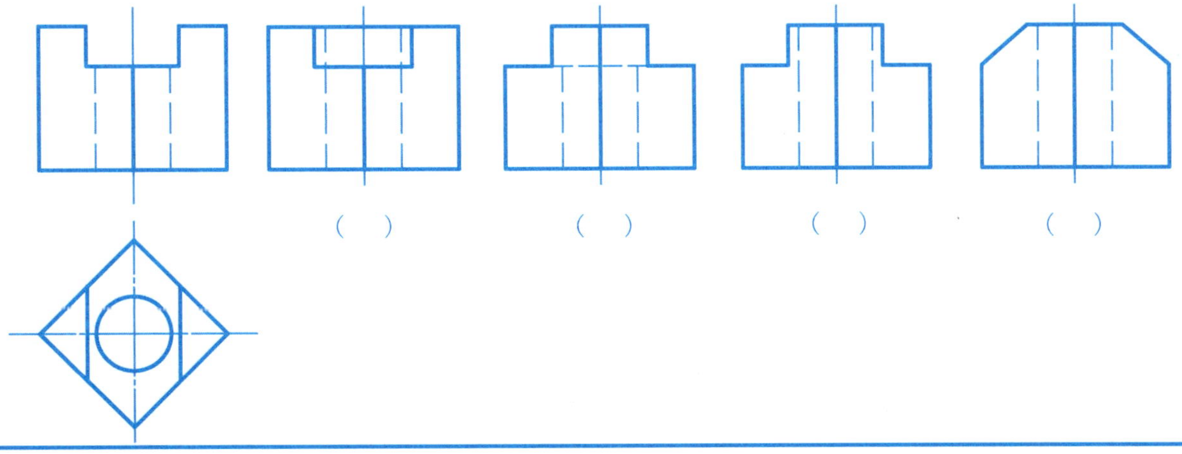

6. 选择正确的左视图，在括号内画√。

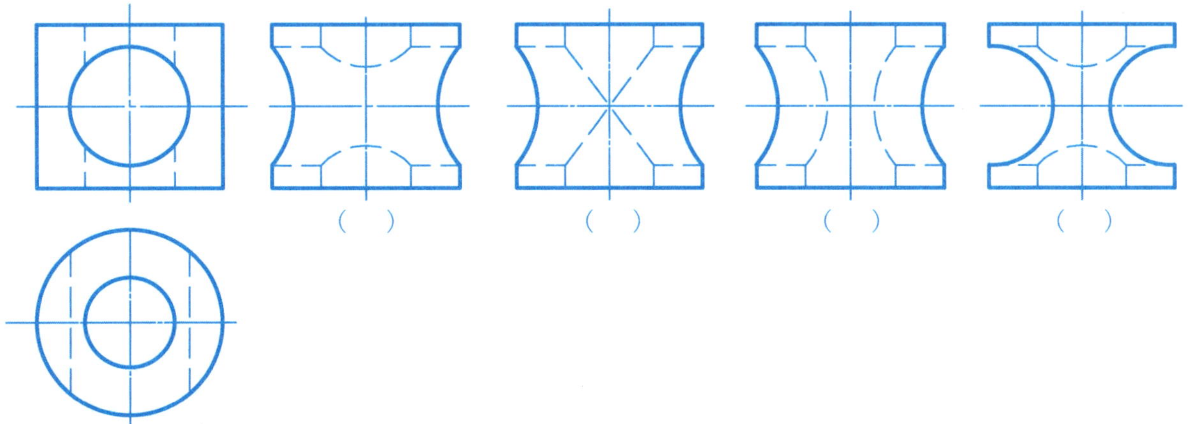

班级		姓名		学号		成绩		24

1. 补画主视图中的漏线。

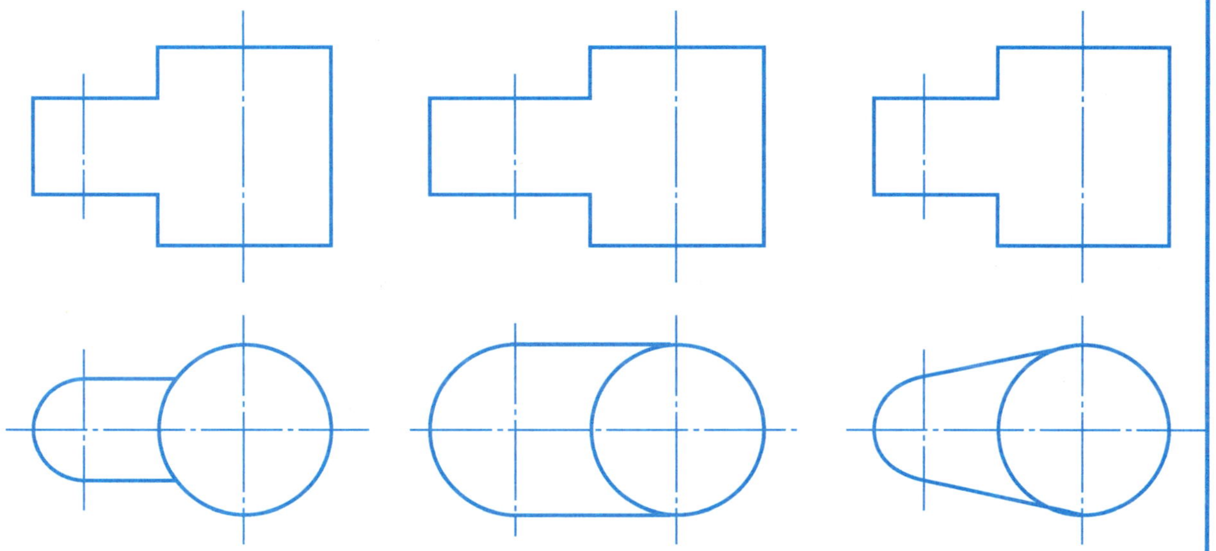

2. 补画主视图中的漏线。

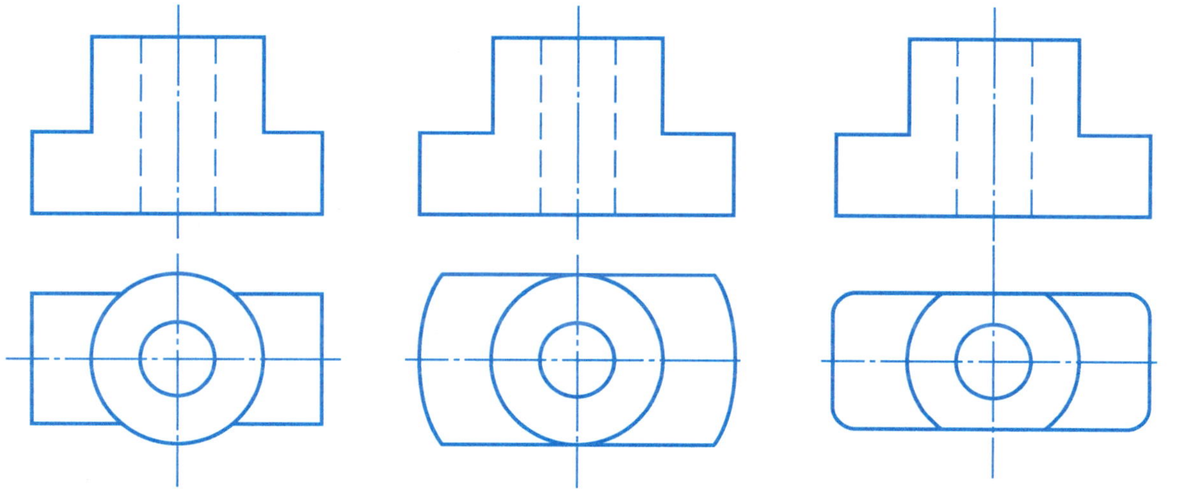

3. 补画主视图中的漏线。

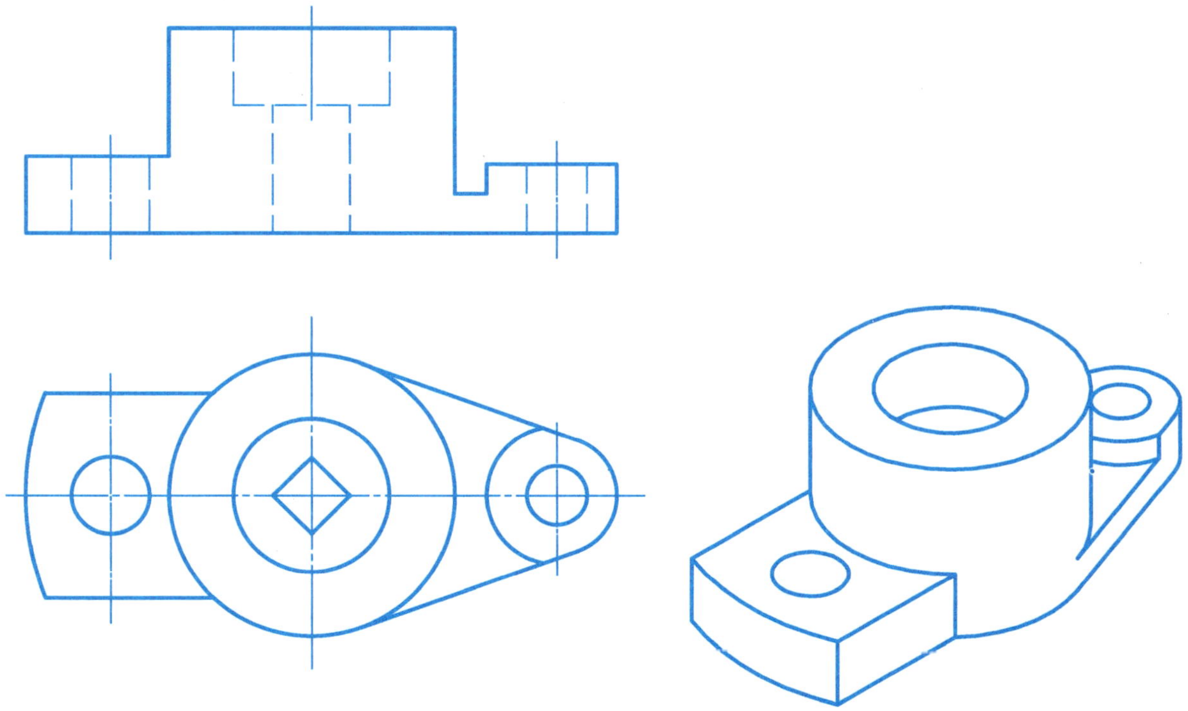

4. 补画主视图和左视图中的漏线。

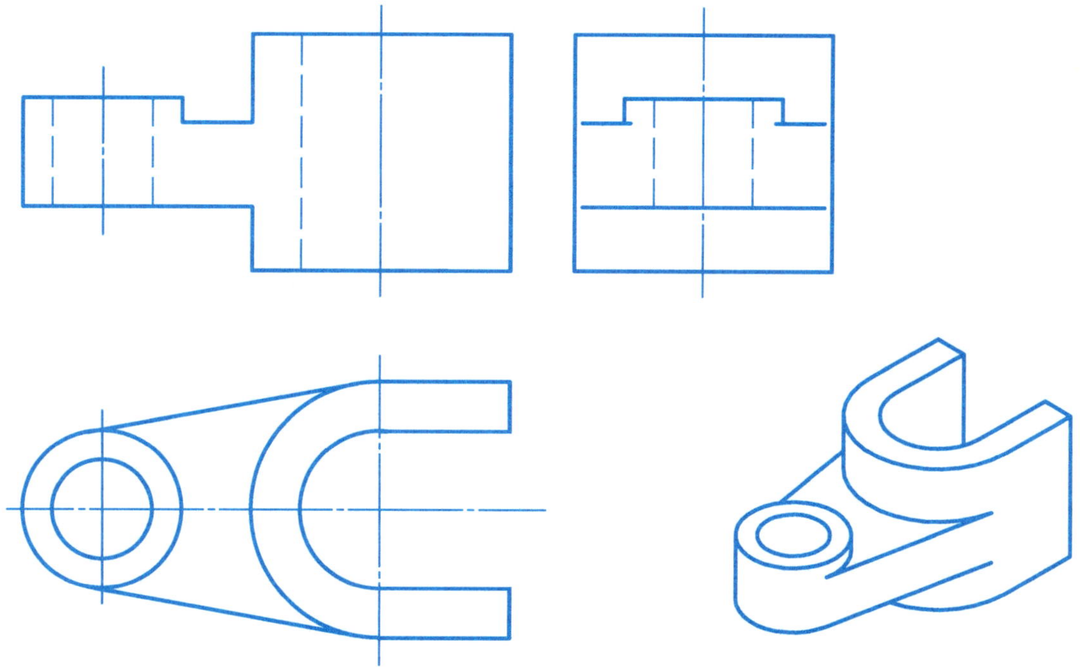

1. 根据组合体的立体图，按1：1的比例，画出三视图。

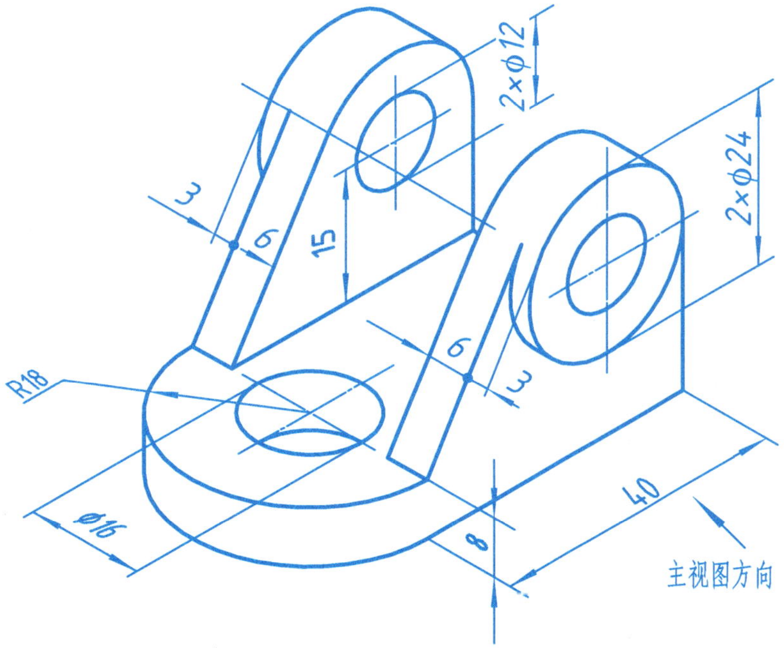

2. 根据组合体的立体图，按1：1的比例，画出三视图。

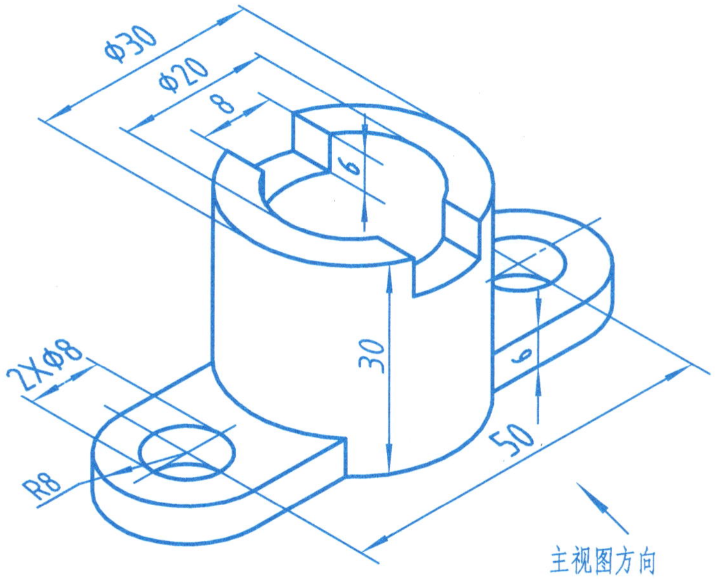

1. 根据组合体的立体图，按1：1的比例，画出三视图。

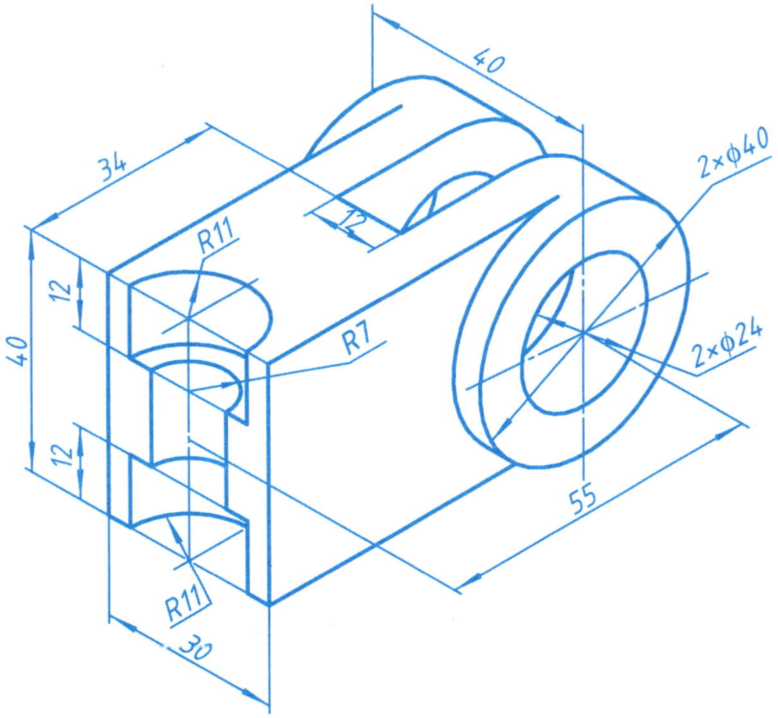

2. 根据组合体的立体图，按1：1的比例，画出三视图。

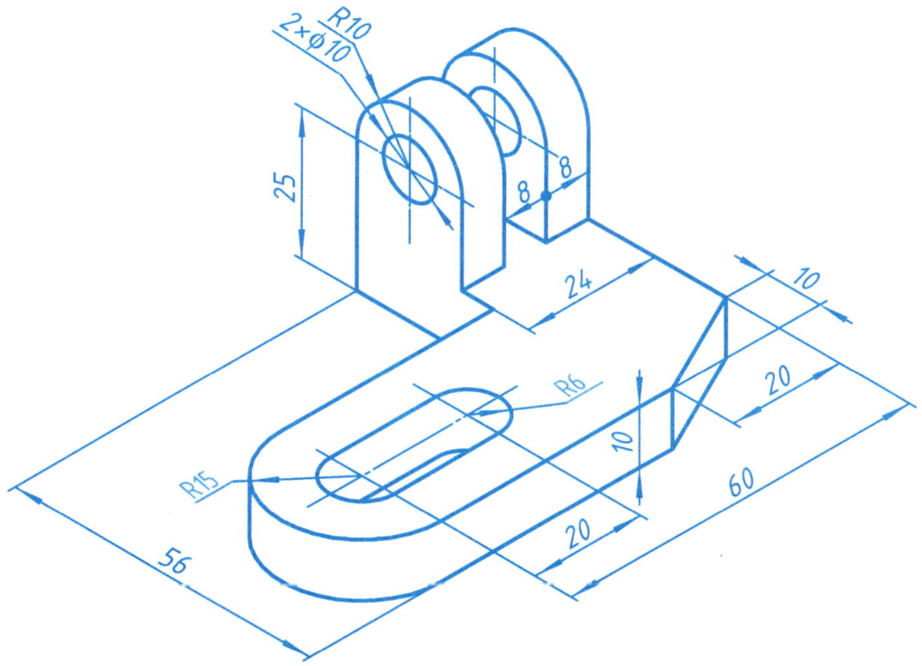

1. 标注尺寸，尺寸数值按1∶1从图中量取，取整数。

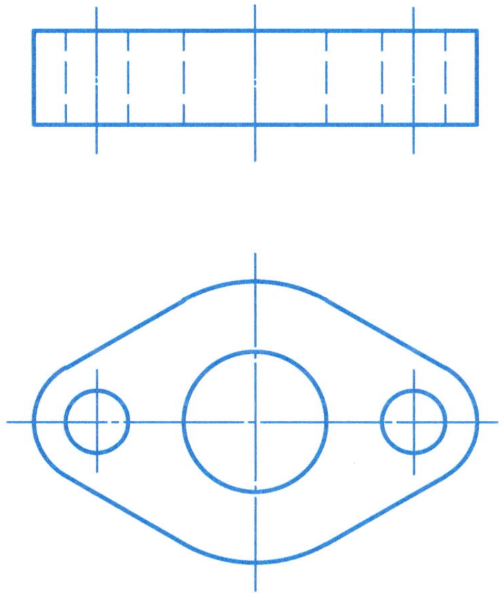

2. 标注尺寸，尺寸数值按1∶1从图中量取，取整数。

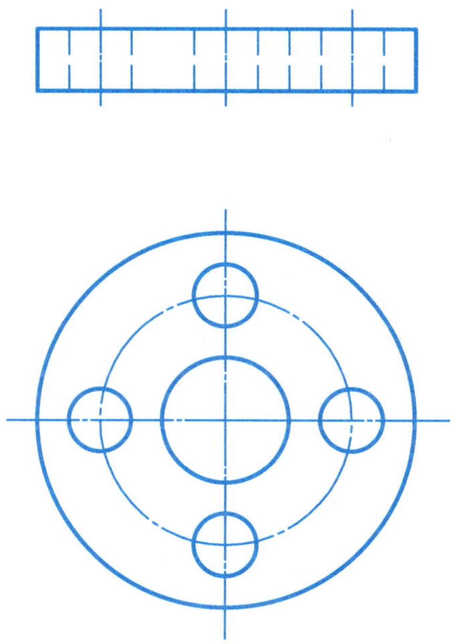

3. 标注尺寸，尺寸数值按1∶1从图中量取，取整数。

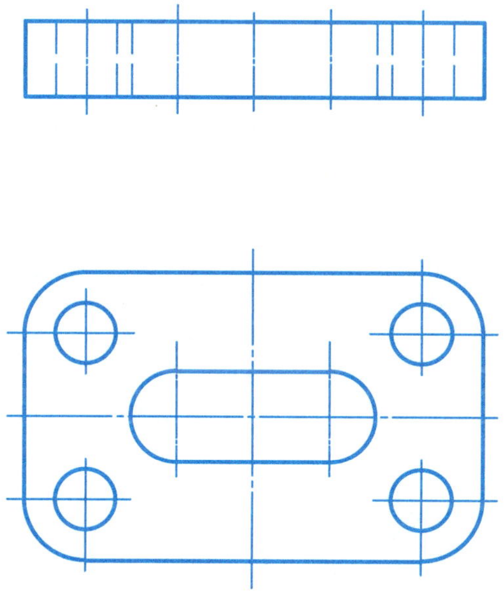

4. 标注尺寸，尺寸数值按1∶1从图中量取，取整数。

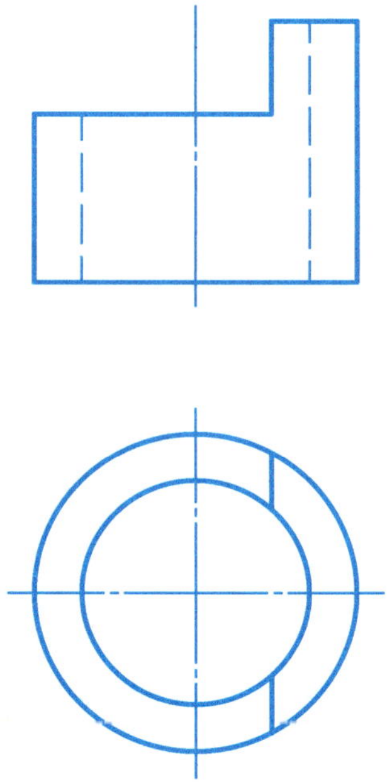

5. 标注尺寸，尺寸数值按1∶1从图中量取，取整数。

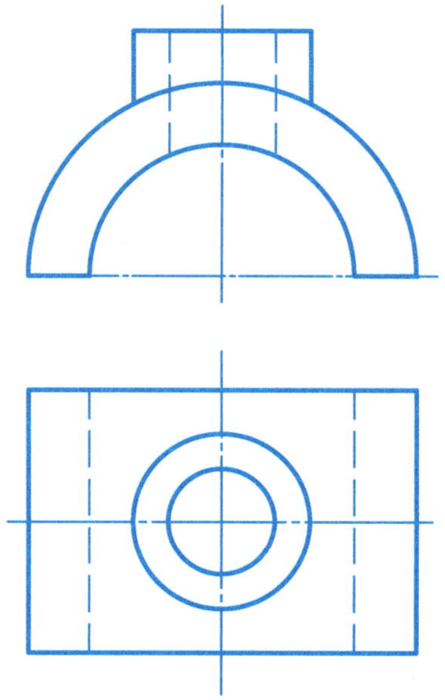

6. 标注尺寸，尺寸数值按1∶1从图中量取，取整数。

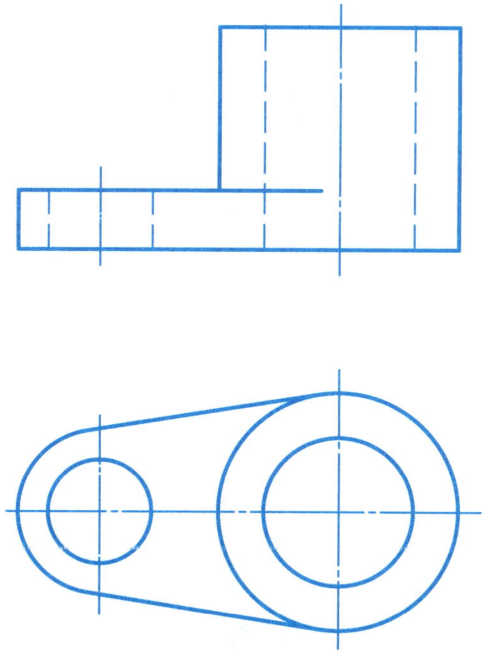

1. 看懂组合体的视图，进行尺寸分析，并填空。

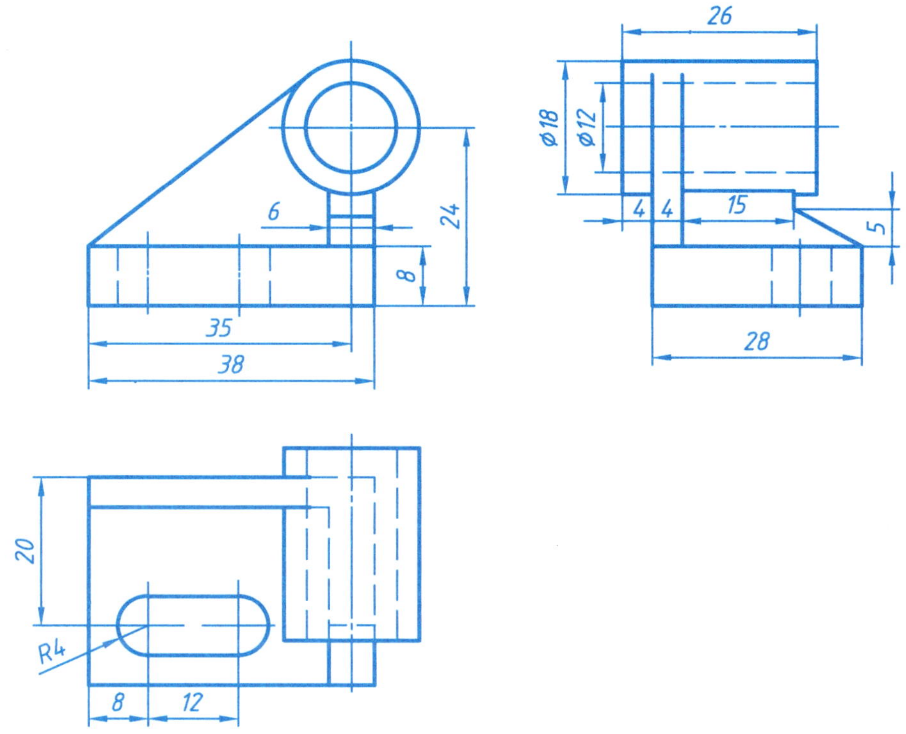

(1) 圆筒的定形尺寸为______、______和______。

(2) 底板的定形尺寸为______、______和______。

(3) 底板的底面是______方向的尺寸基准。

(4) 与圆筒相切的立板和底板的后面是共面的，这个面是______方向的尺寸基准。

(5) 圆筒在长度方向的定位尺寸是______，宽度方向的定位尺寸是______，高度方向的定位尺寸是______。

(6) 底板上长圆孔的定形尺寸是______和______，定位尺寸是______和______。

2. 标注组合体的尺寸（尺寸数值按1∶1从图中量取，取整数）。

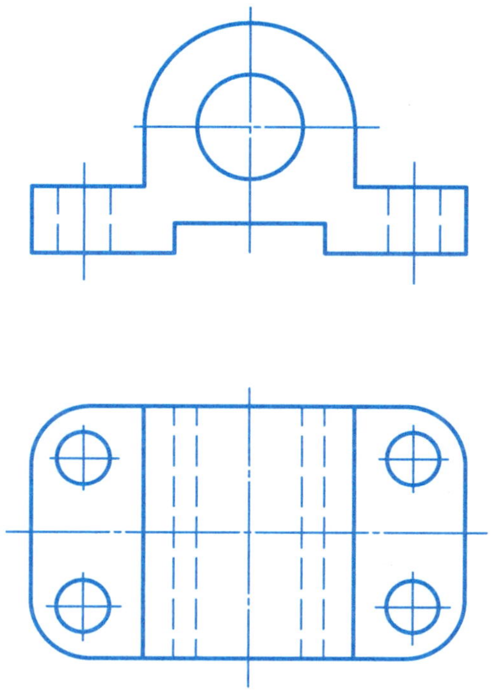

3. 标注组合体的尺寸（尺寸数值按1∶1从图中量取，取整数）。

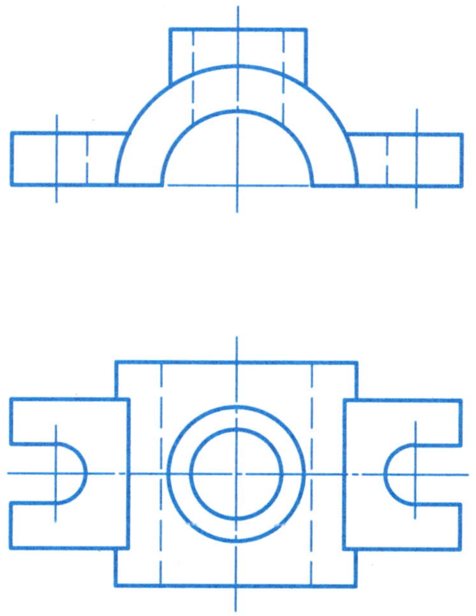

1. 运用形体分析法，先标注简单形体的尺寸，再标注组合体的尺寸。

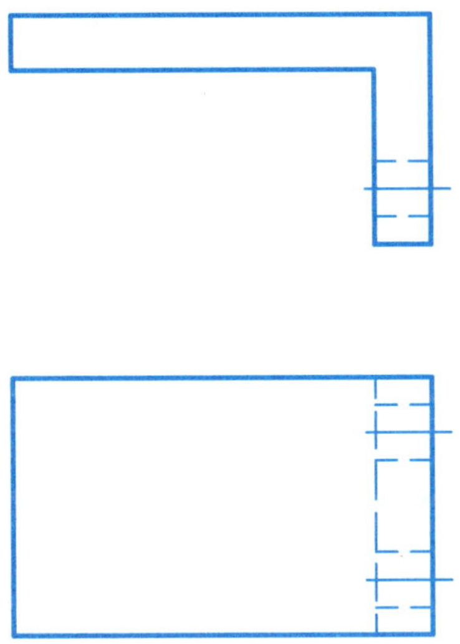

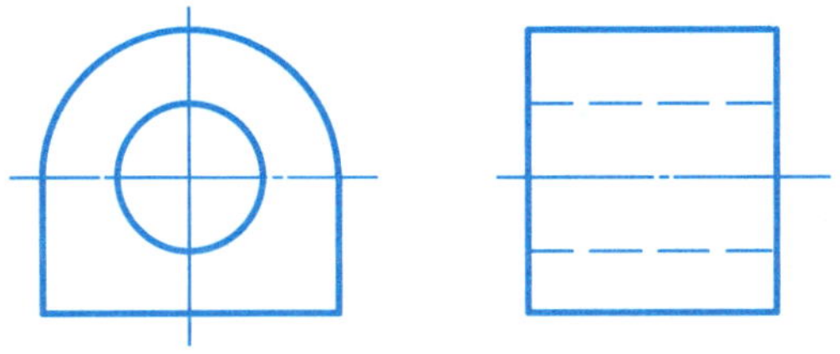

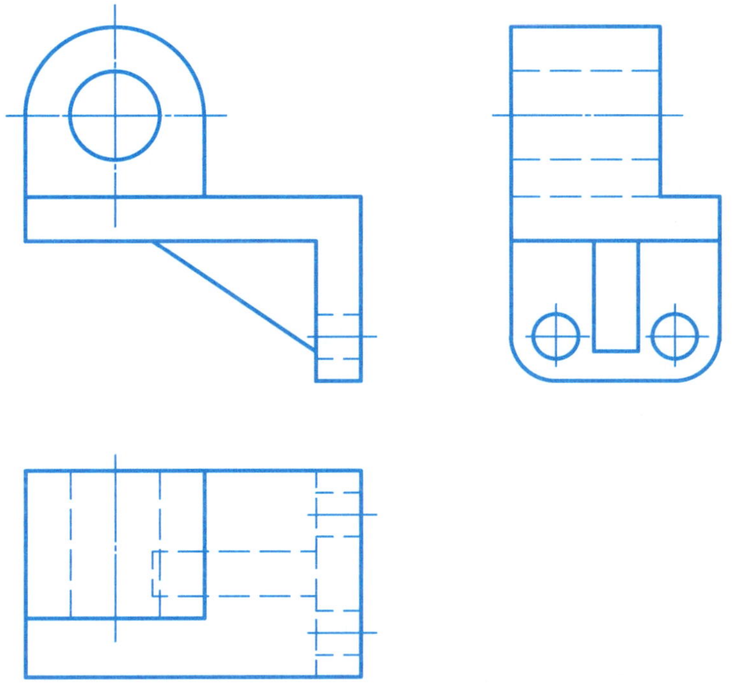

2. 组合体尺寸标注（尺寸数值按1∶1从图中量取，取整数）。

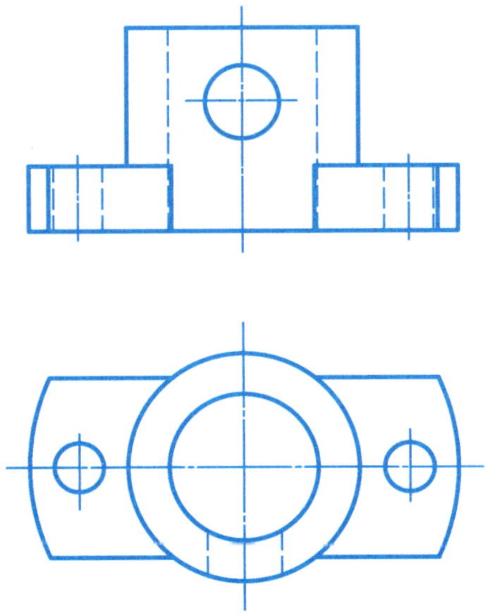

3. 组合体尺寸标注（尺寸数值按1∶1从图中量取，取整数）。

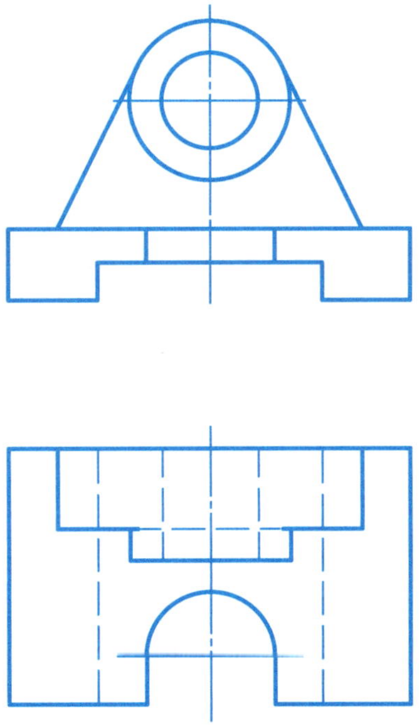

4. 组合体尺寸标注（尺寸数值按1∶1从图中量取，取整数）。

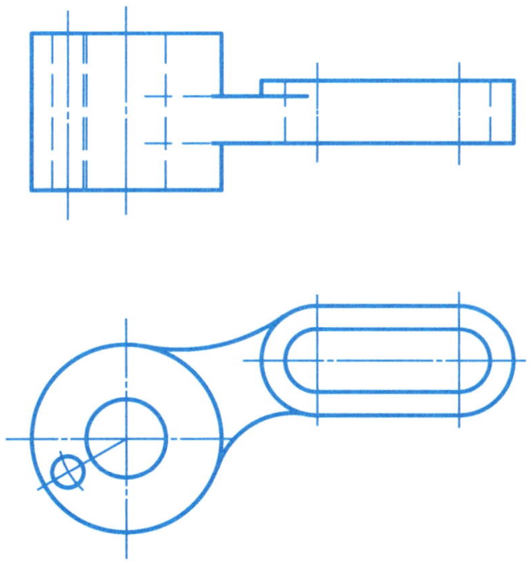

制图作业——组合体三视图

一、目的、内容与要求

1. 目的：通过运用形体分析的方法，将轴测图或模型绘制成三视图，来加深对“物”与“图”之间对应关系的理解。同时，对于三视图的概念和画法也起到了进一步的巩固作用。

2. 内容：任选一轴测图或模型画出其三视图，并标注尺寸。

3. 要求：布图合理，图形正确，线型规范，字体工整，尺寸标注正确、完整、清晰，图面整洁。

二、图名、图幅和比例

1. 图名：组合体三视图。

2. 图纸幅面：A4 图纸。

3. 比例：1：1。

三、绘图步骤

1. 对所要绘制的组合体进行形体分析，选择主视图，根据尺寸和图幅布置三视图的位置，画出中心线、主要的轴线和重要的边线。

2. 用细线逐步画出组合体各部分三视图。

3. 检查无误，加深。

4. 选择尺寸基准，标注尺寸。

5. 填写标题栏。

四、注意事项

1. 在视图之间应留出标注尺寸的空间。

2. 画三视图时，应注意表面间的连接关系。

3. 加深时，先加深曲线，再加深直线。

1.

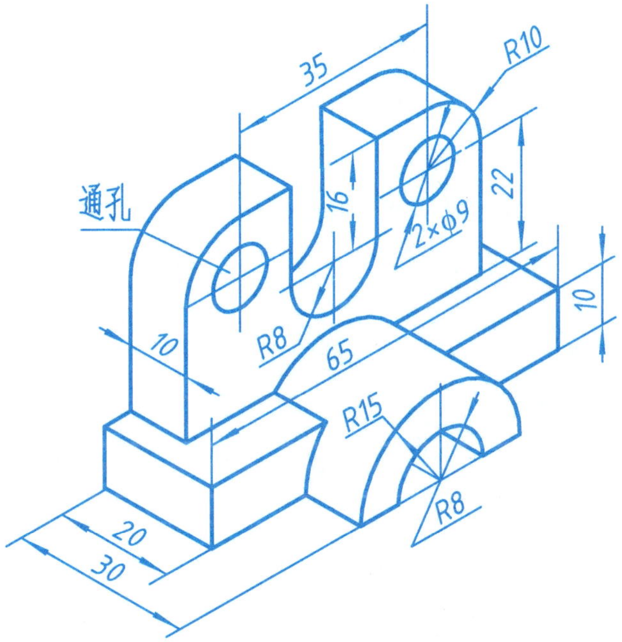

2.

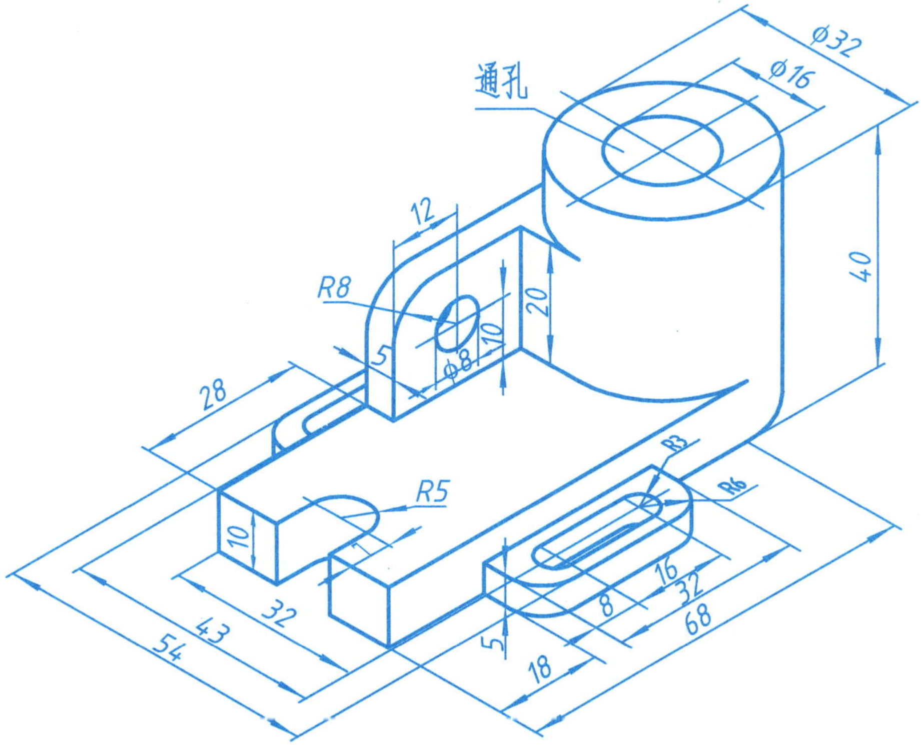

1. 选择正确的左视图，在括号内画√。

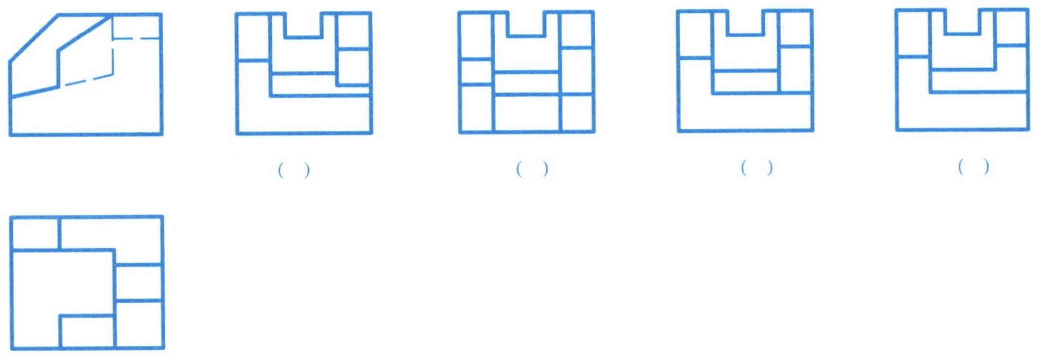

2. 选择正确的左视图，在括号内画√。

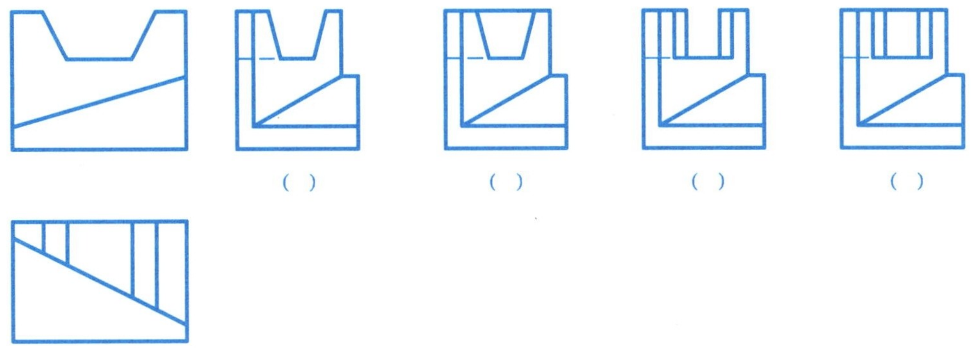

3. 选择正确的左视图，在括号内画√。

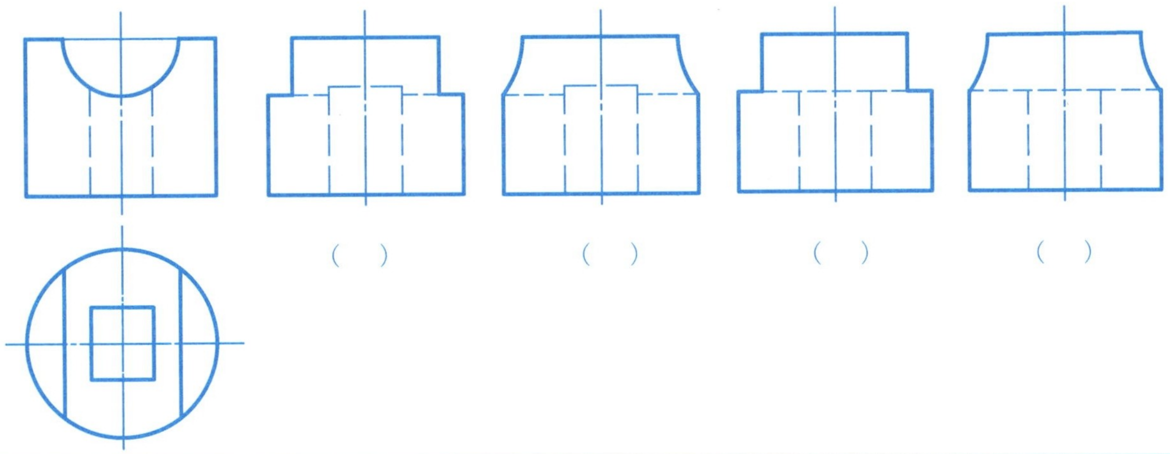

4. 选择正确的主视图，在括号内画√。

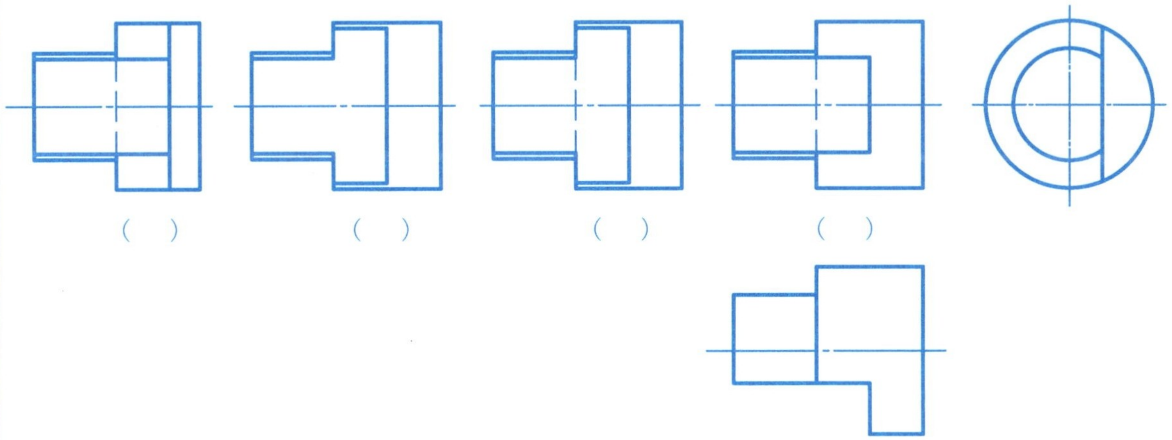

5. 选择正确的左视图，在括号内画√。

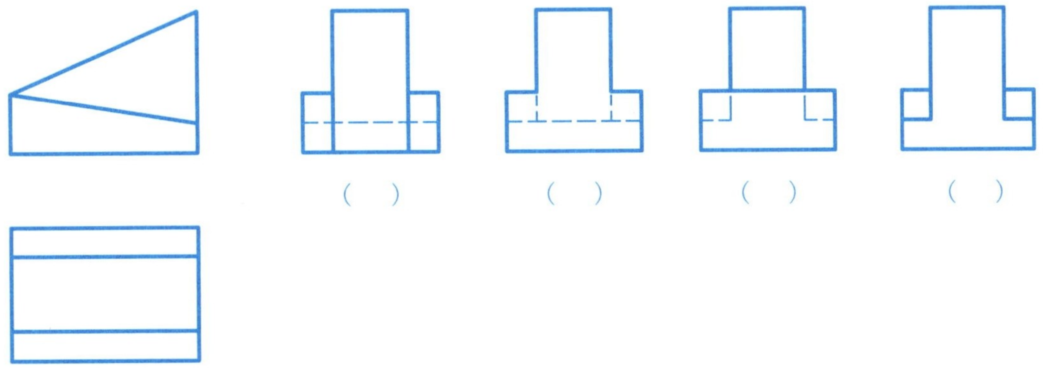

6. 选择正确的俯视图，在括号内画√。

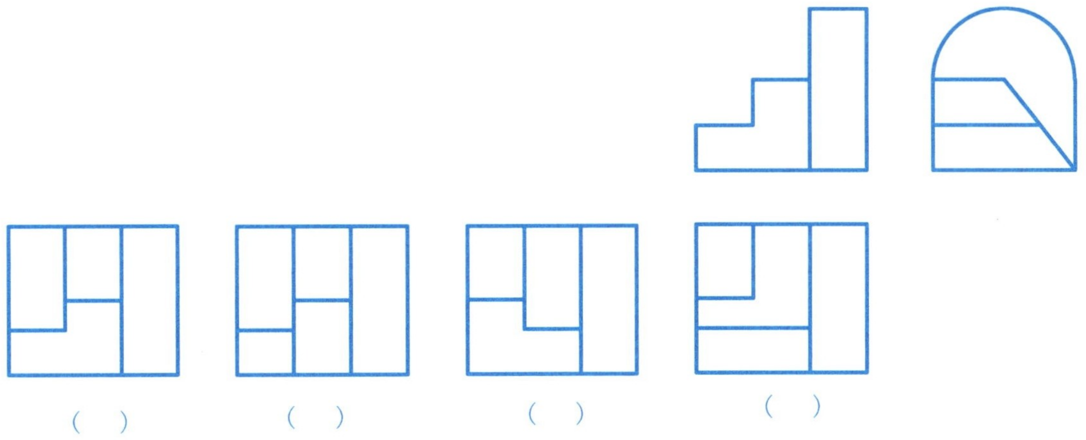

1. 补画俯视图。

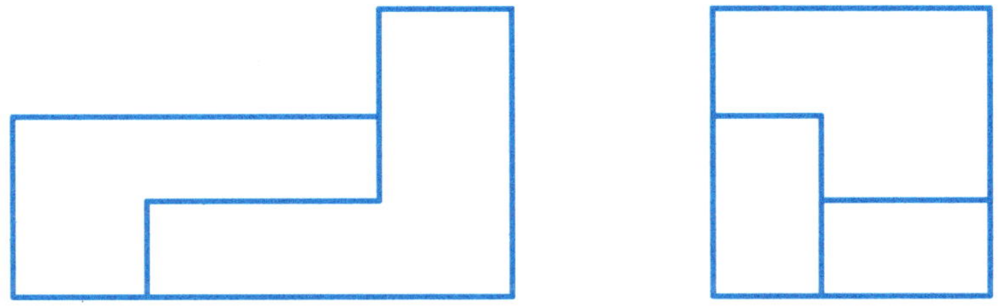

2. 补画左视图。

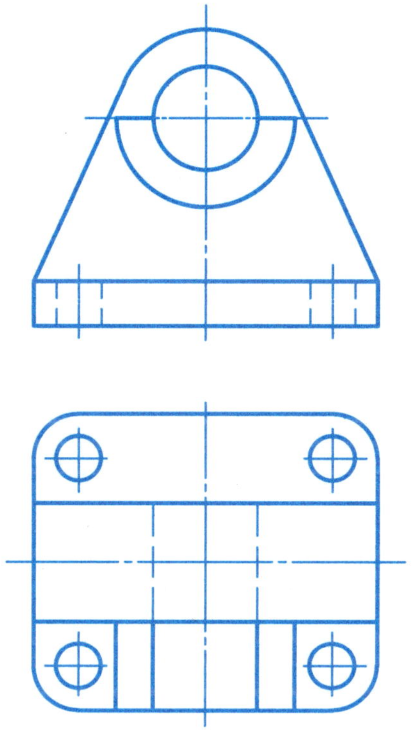

3. 补画俯视图。

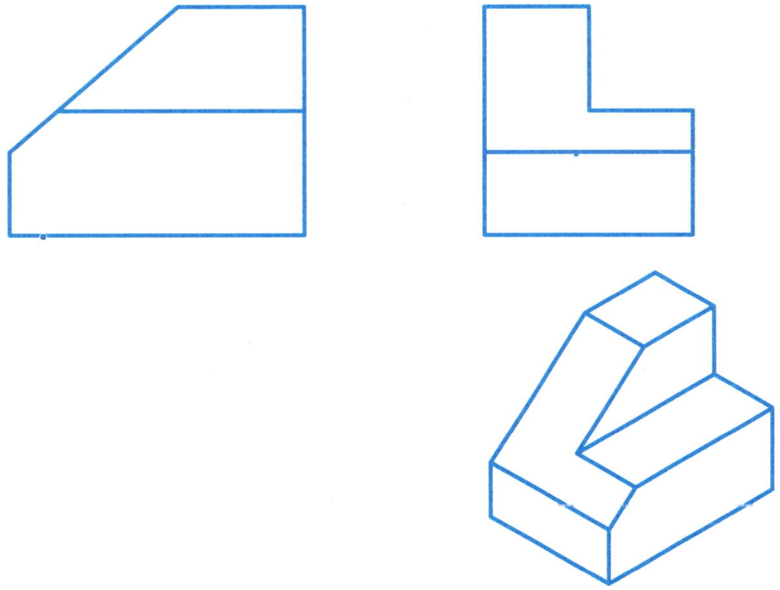

4. 补画俯视图。

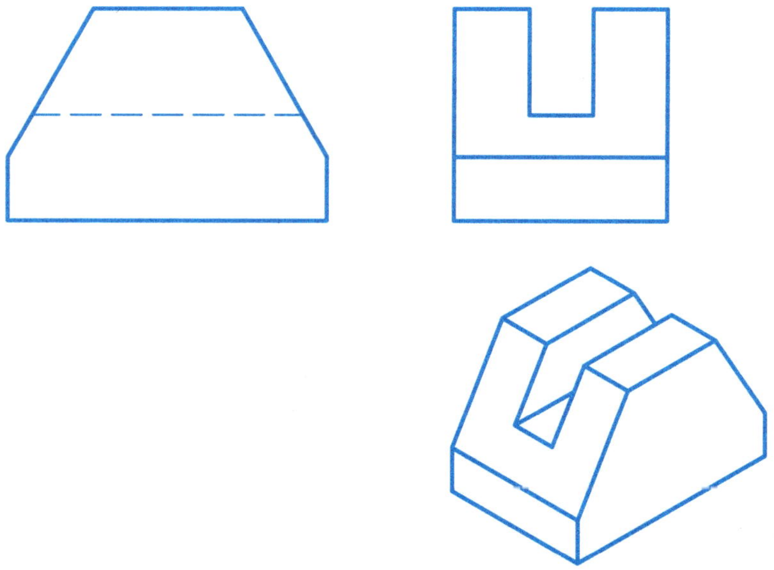

1. 补画主视图和俯视图中的漏线。

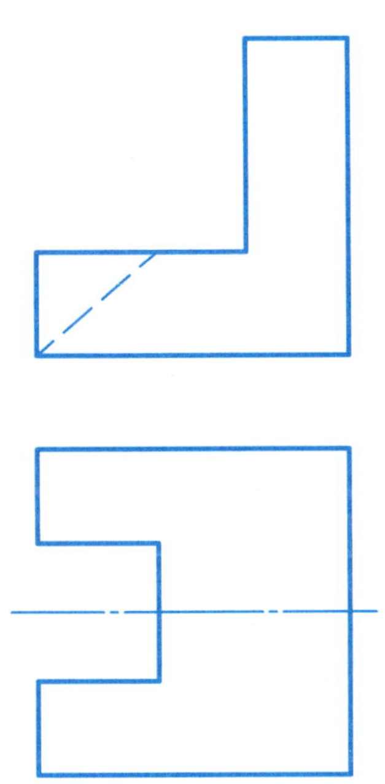

2. 补画左视图中的漏线。

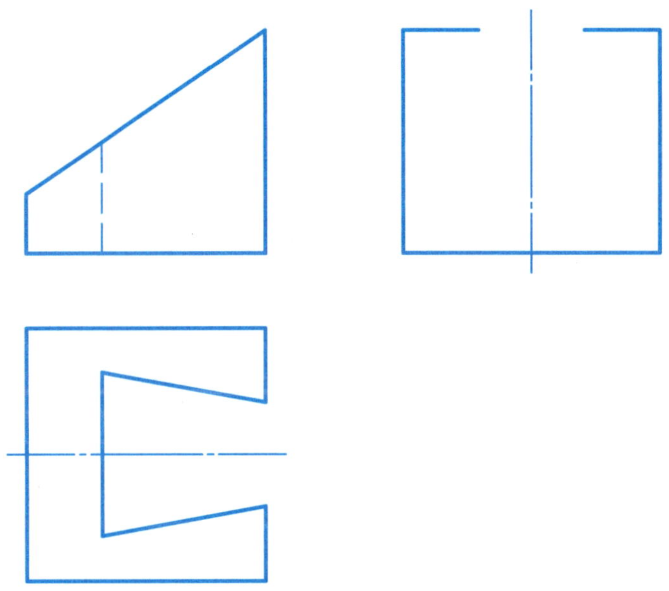

3. 补画俯视图和左视图中的漏线。

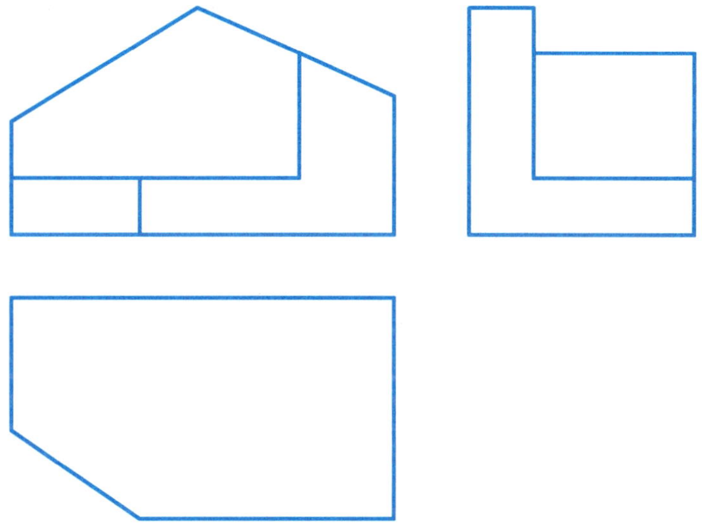

4. 补画俯视图和左视图中的漏线。

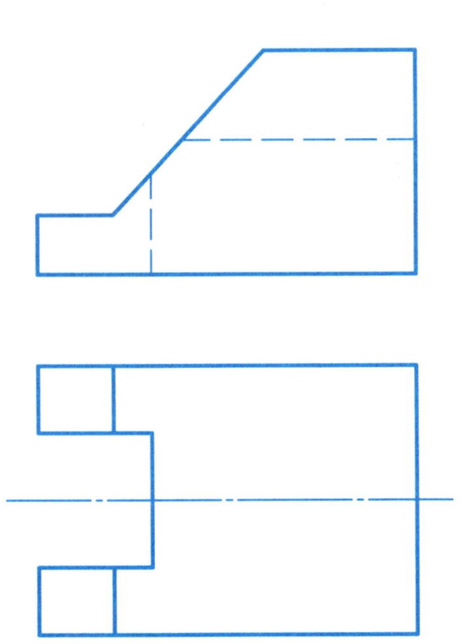

5. 补画主、俯视图中的漏线。

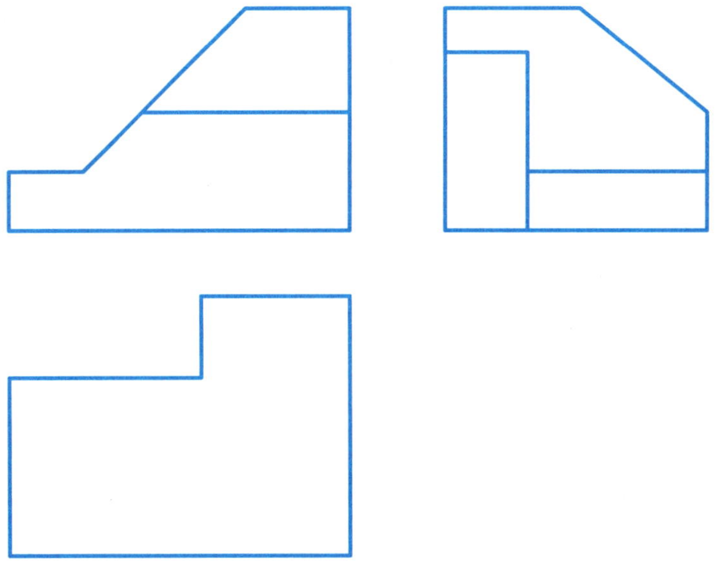

6. 补画主视图和俯视图中的漏线。

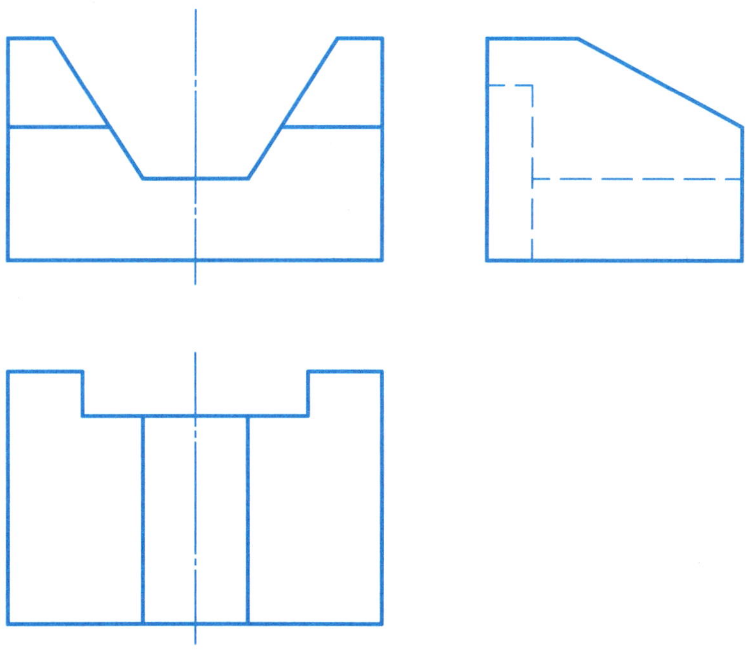

1. 补画俯视图。

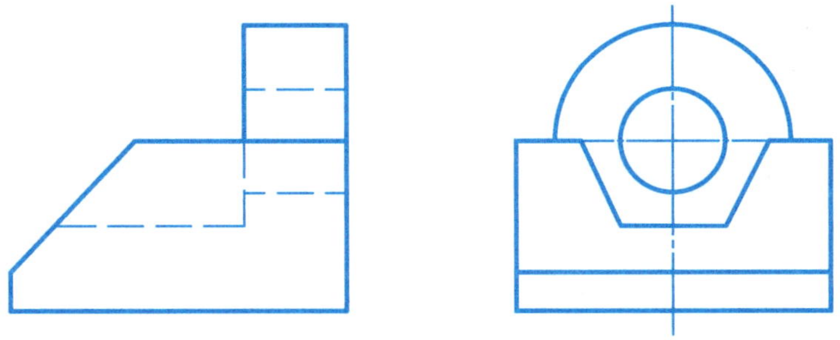

2. 补画主视图。

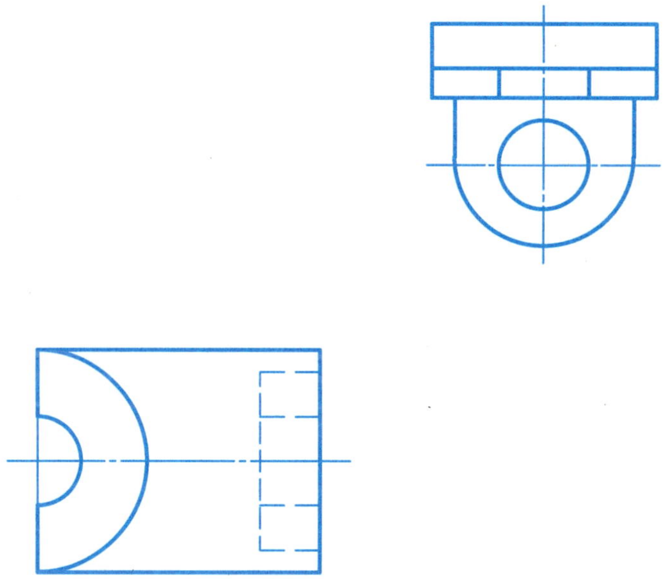

3. 补画主视图。

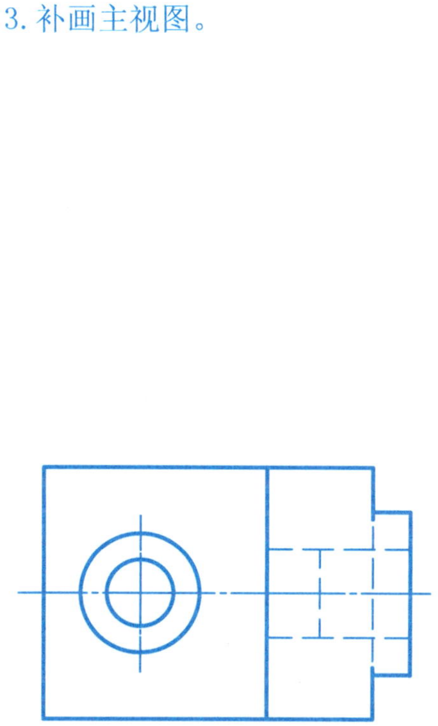

4. 补画俯视图。

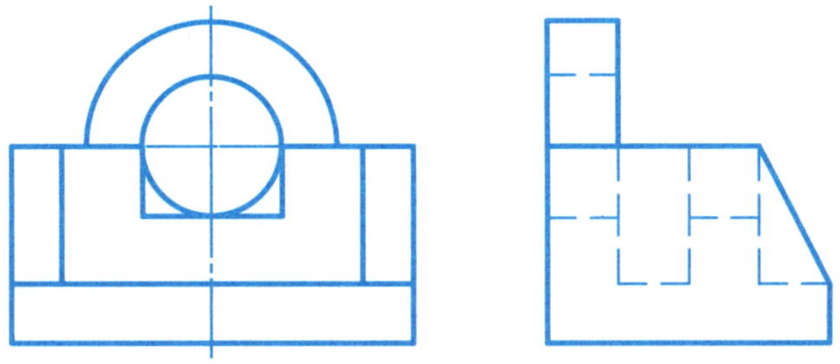

5. 补画俯视图。

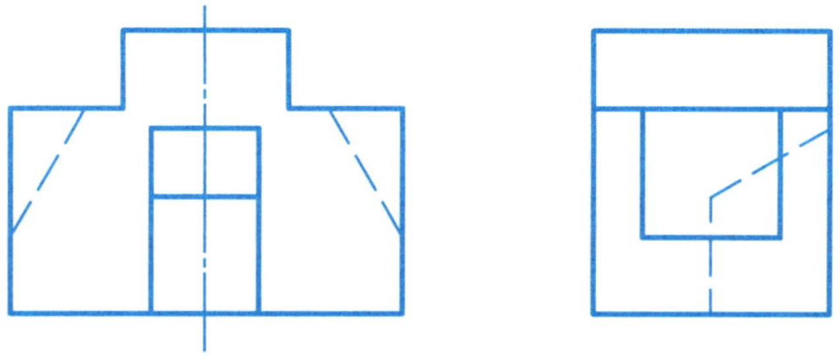

6. 补画左视图。

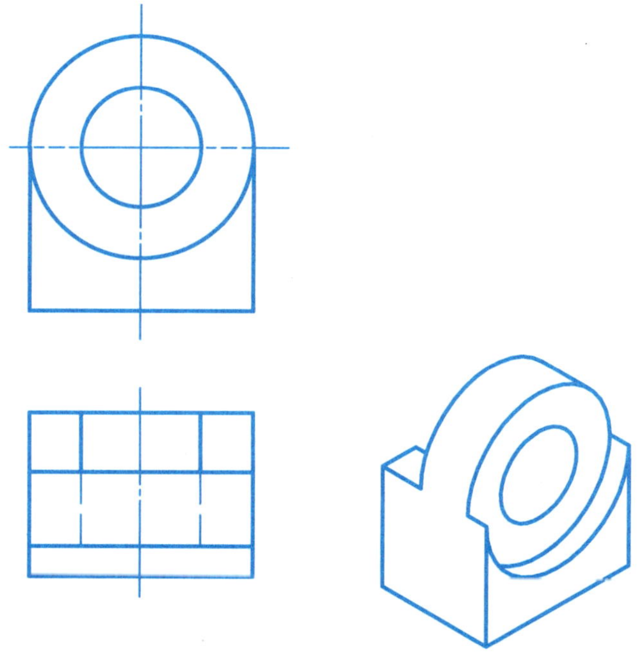

班级		姓名		学号		成绩		35

1. 补画左视图。

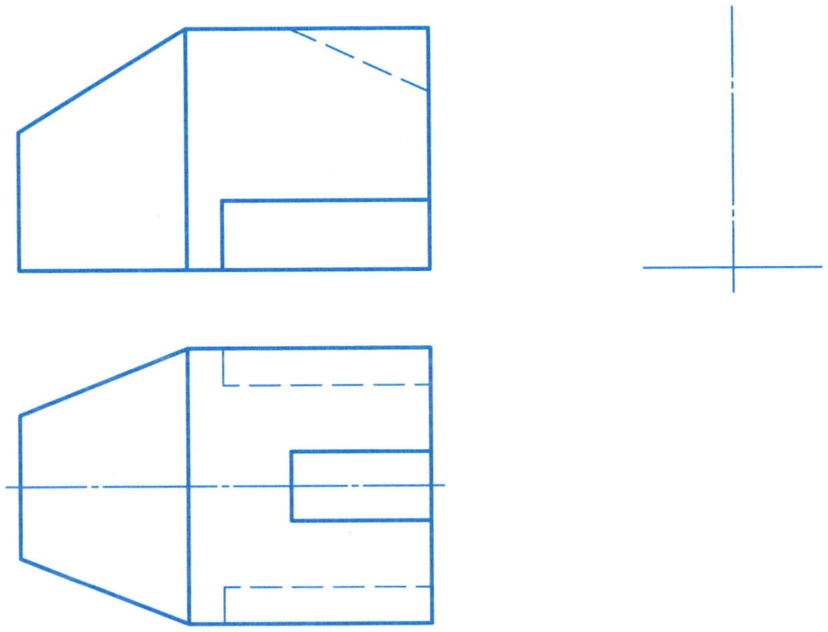

2. 补画俯视图。

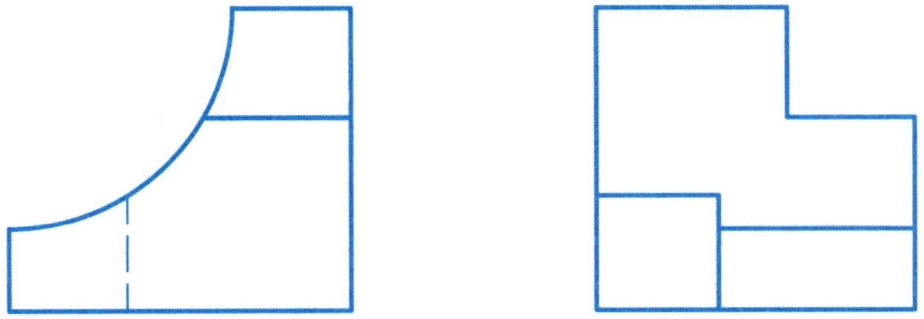

3. 补画俯视图。

4. 补画左视图。

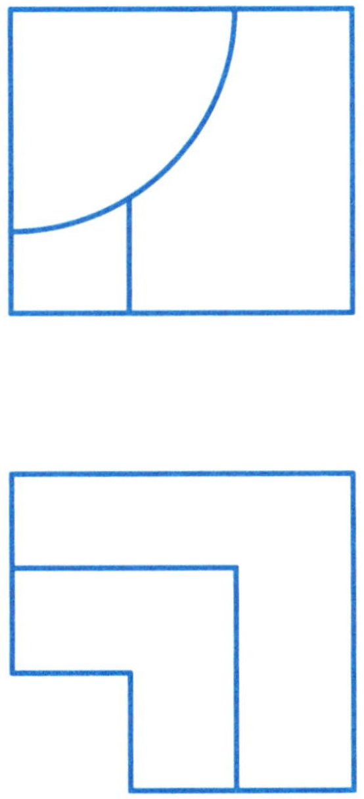

1. 补画左视图。

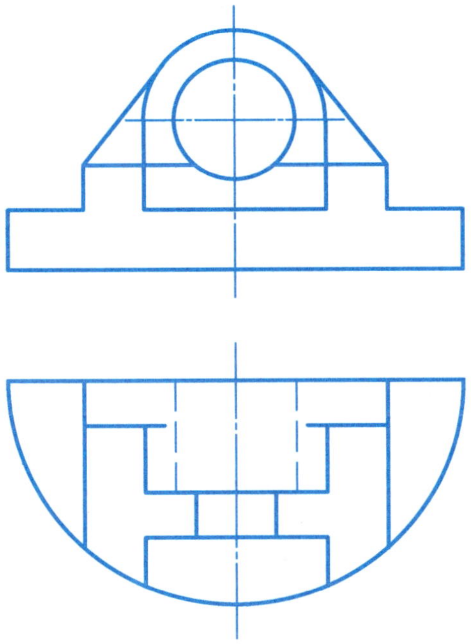

2. 补画俯视图。

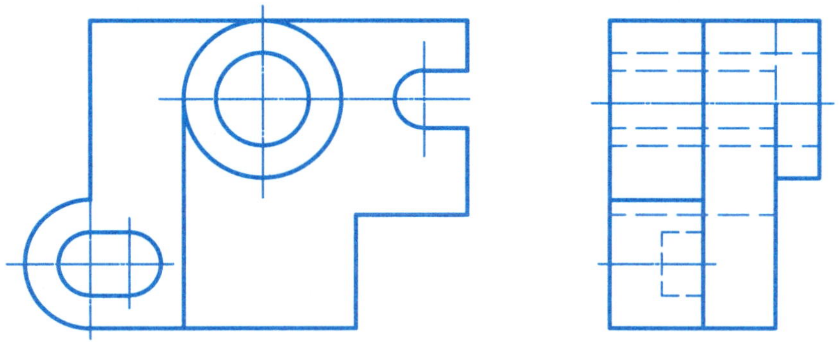

3. 补画俯视图。

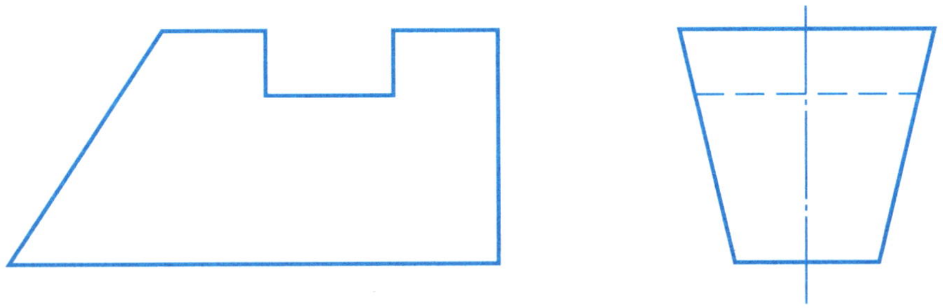

4. 补画主视图。

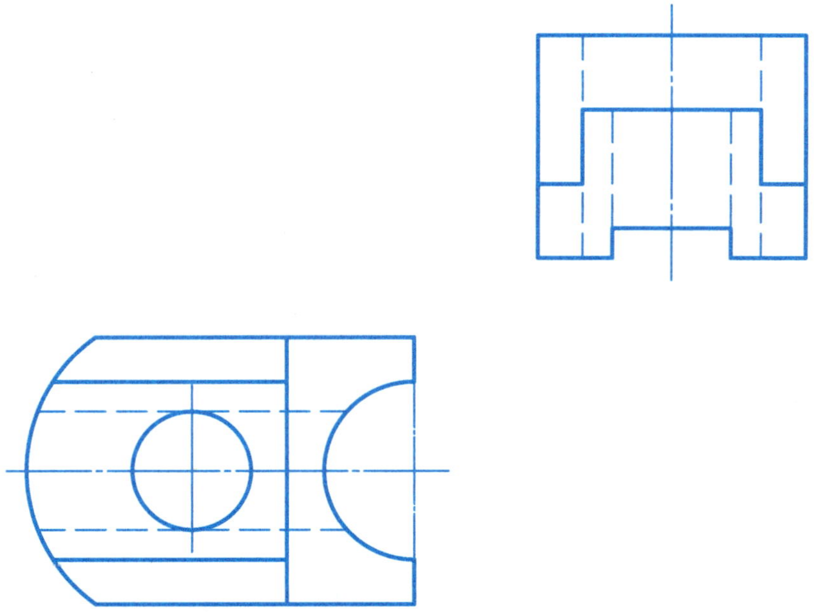

1. 已知平板上有三个不同形状的孔，要设计出一个能够堵塞和穿过三个孔的塞块，作出塞块的三视图。

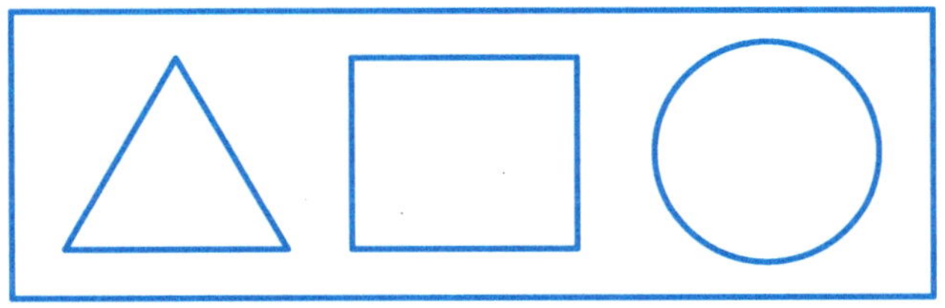

2. 根据已知的三视图，想出物体形状，构思一个与之相嵌合，且成为一个完整的基本几何体（长方体或圆柱体）并画出其三视图。

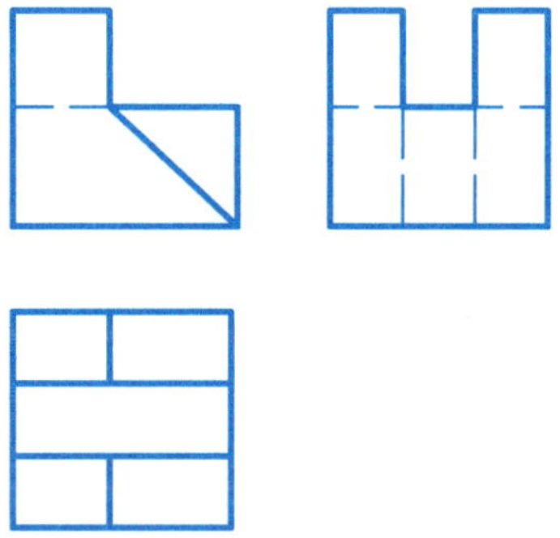

3. 已知两个视图，构思不同形状的组合体，补画其左视图。

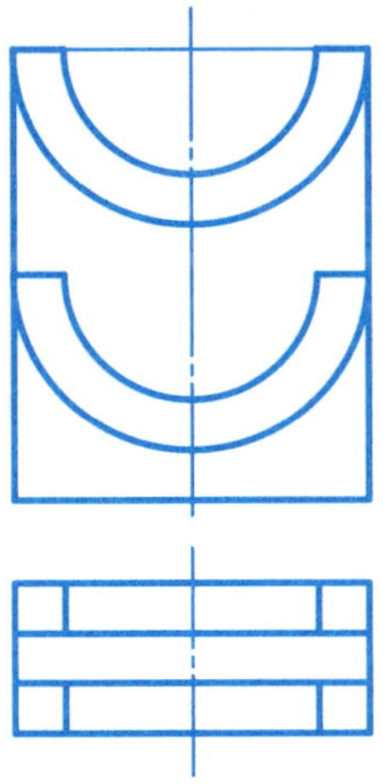

(1) (2) (3)

4. 已知两个视图，构思不同形状的组合体，补画其左视图。

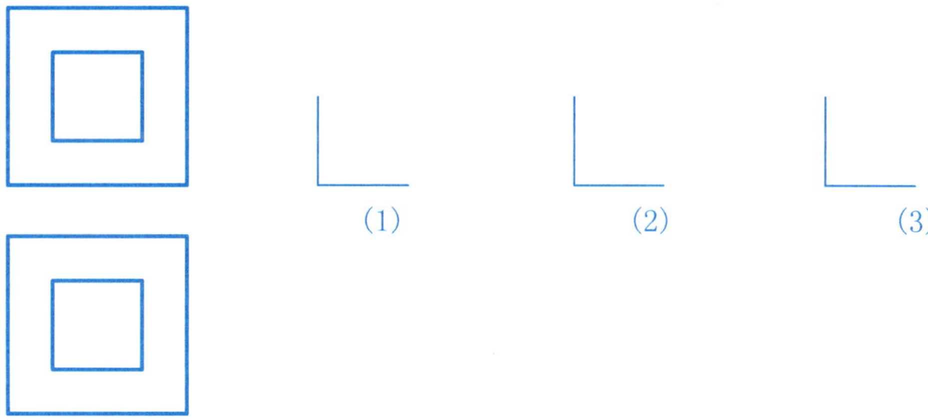

(1) (2) (3)

5. 已知一个视图，构思不同形状的组合体，补画所缺其余视图。

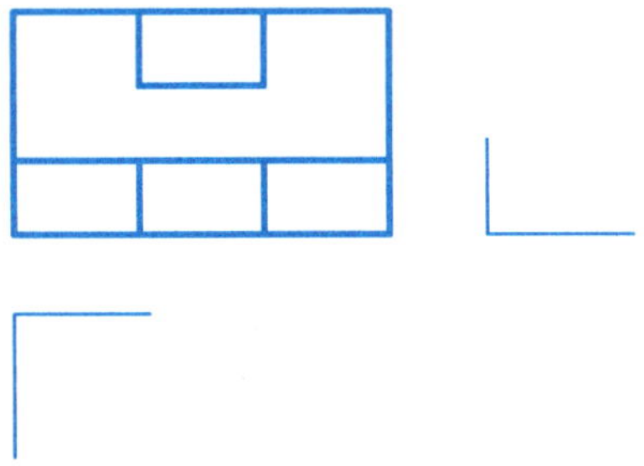

(1)

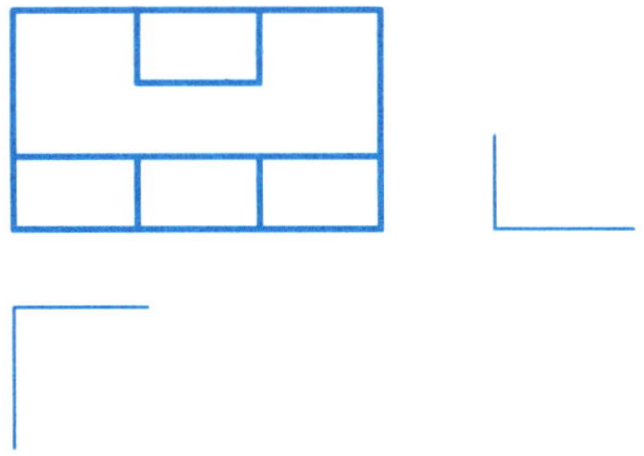

(2)

6. 已知一个视图，构思不同形状的组合体，补画所缺其余视图。

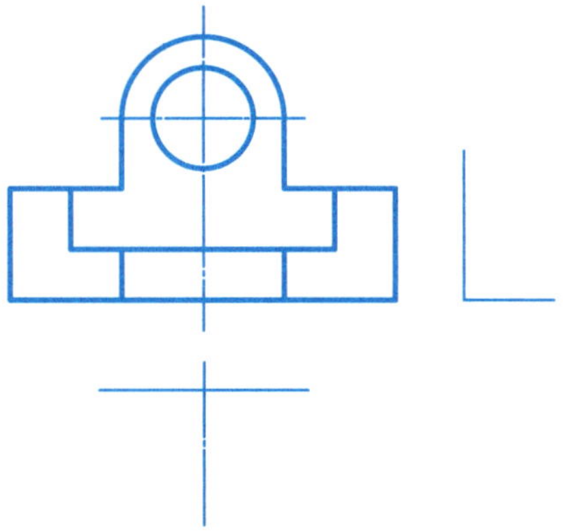

(1)

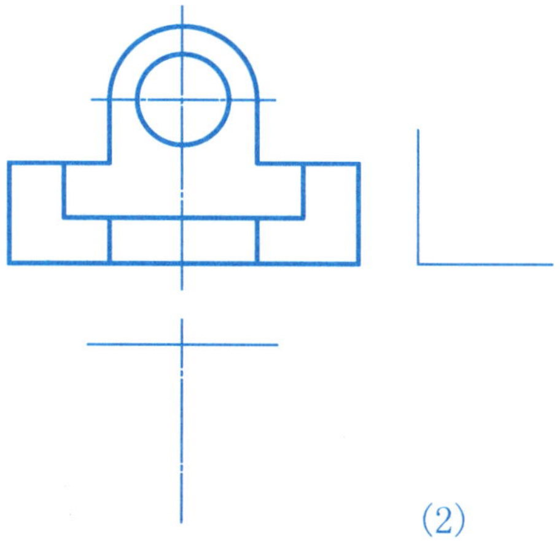

(2)

1. 用正等测绘制下图所示组合体。

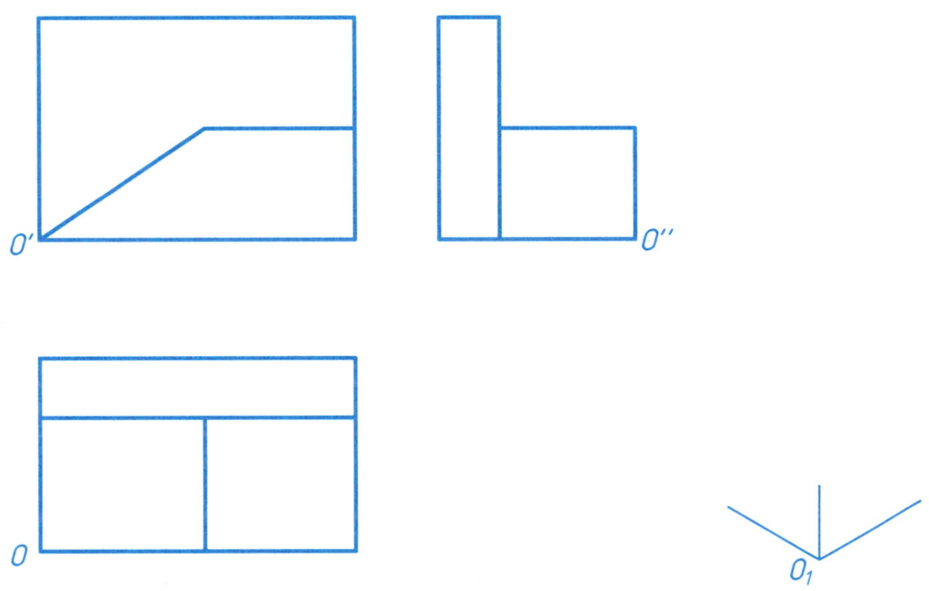

2. 用正等测绘制下图所示组合体。

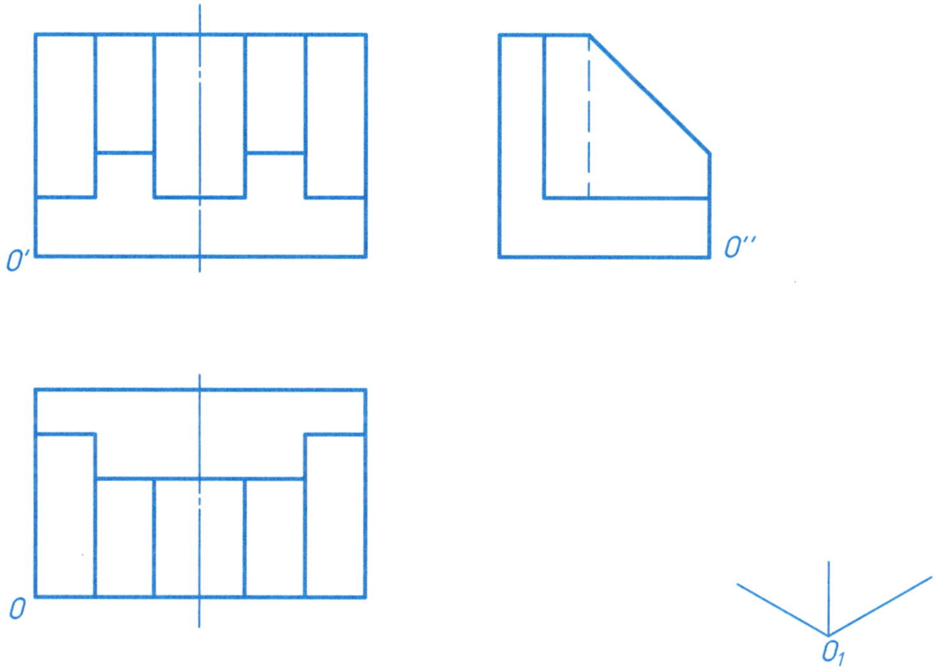

3. 用斜二测绘制下图所示组合体。

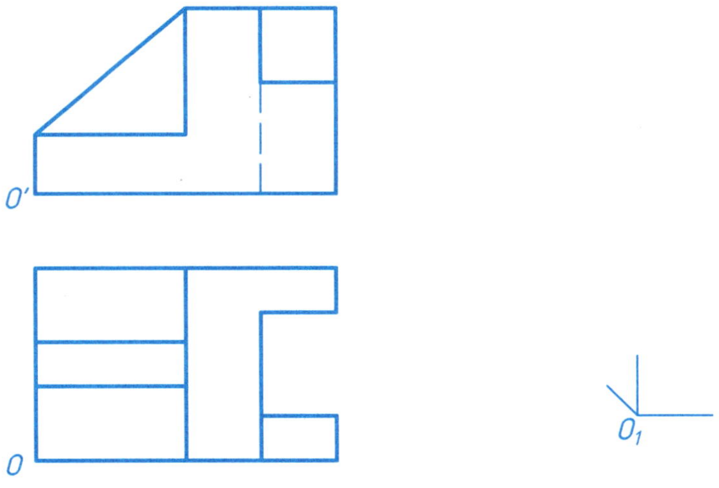

4. 用斜二测绘制下图所示组合体。

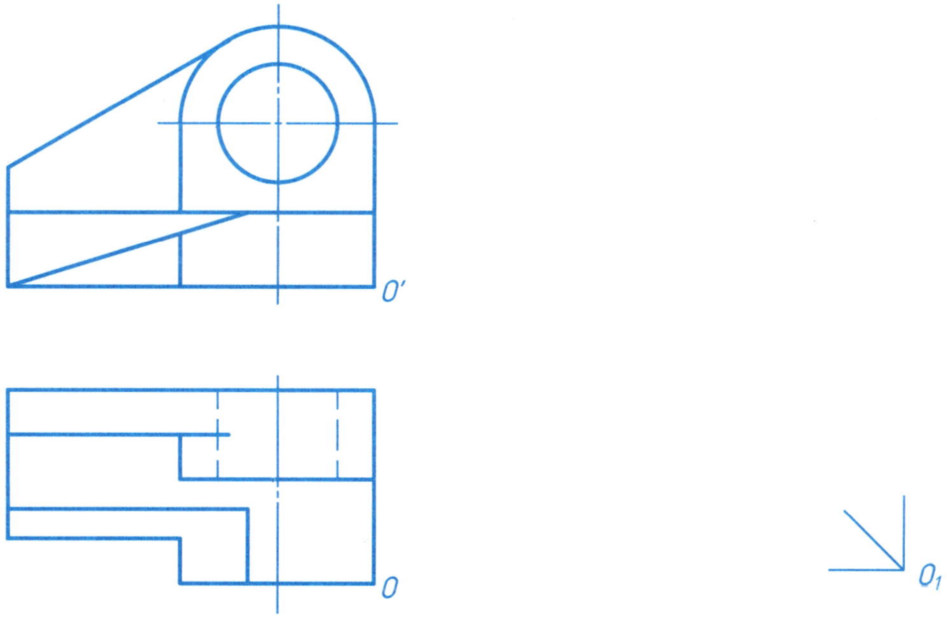

1. 用正等测绘制下图所示组合体。

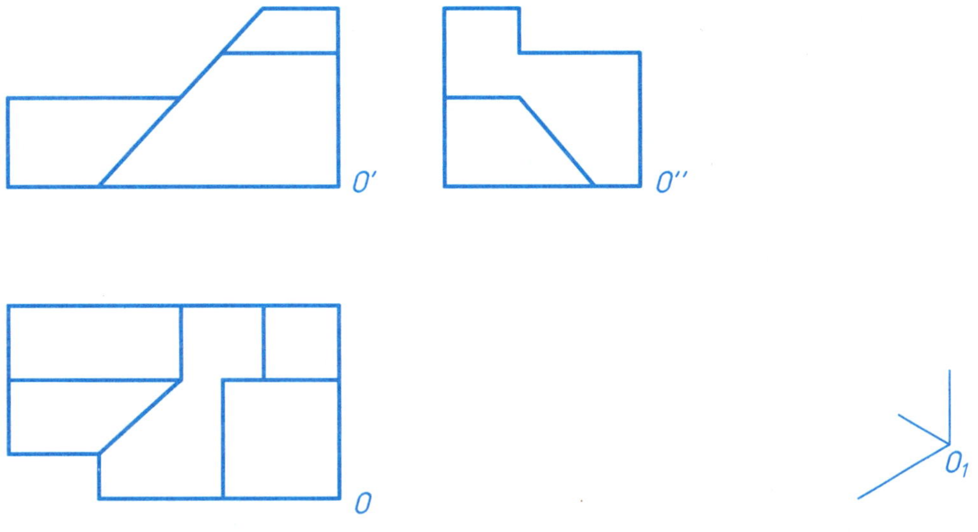

2. 用正等测绘制下图所示组合体。

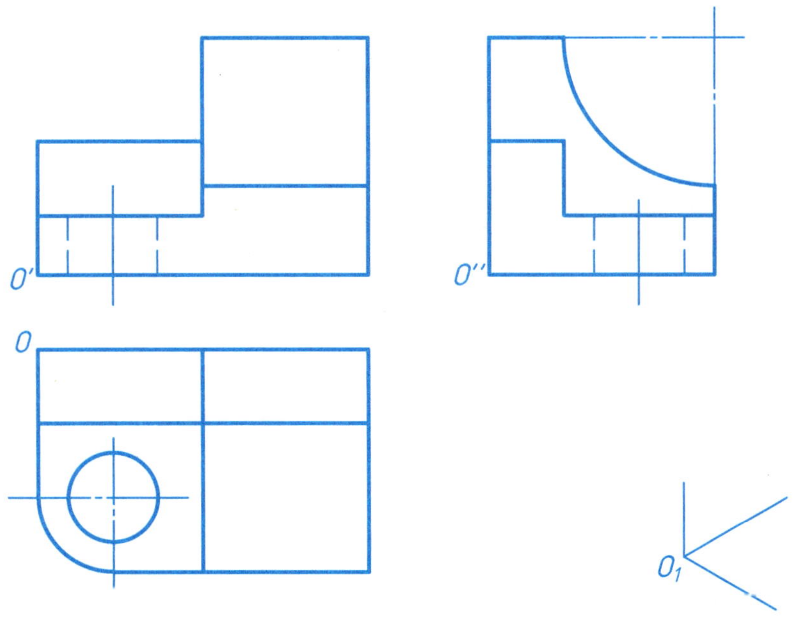

3. 用斜二测绘制下图所示组合体。

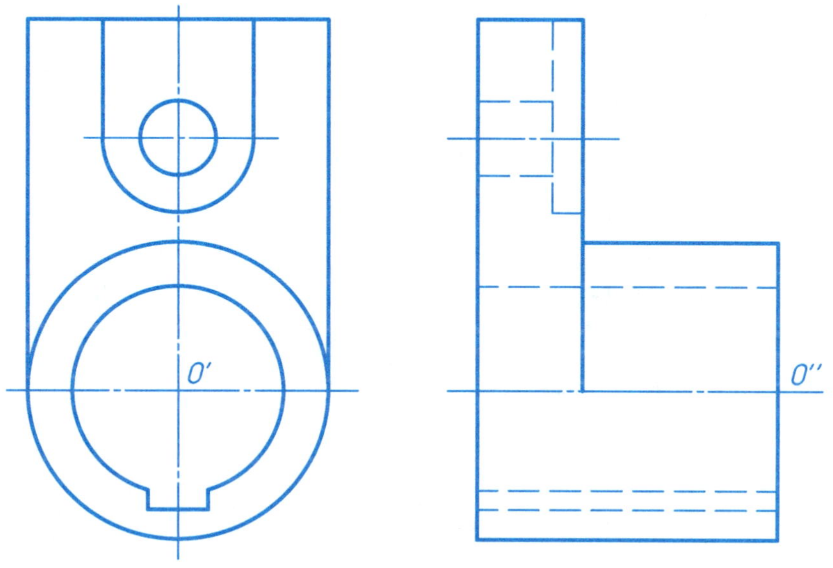

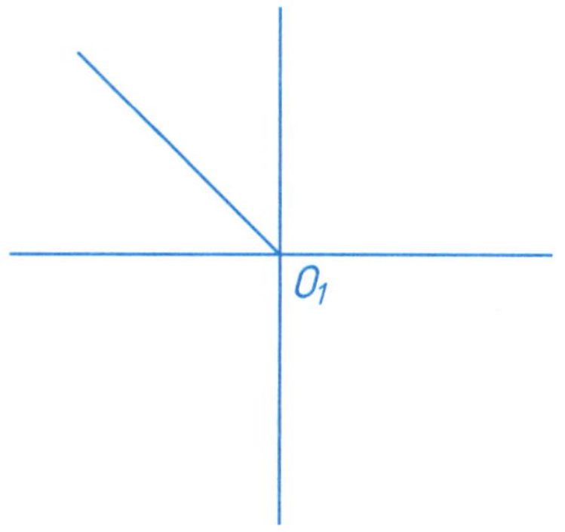

1. 选择正确的左视图和右视图，在括号内画√。

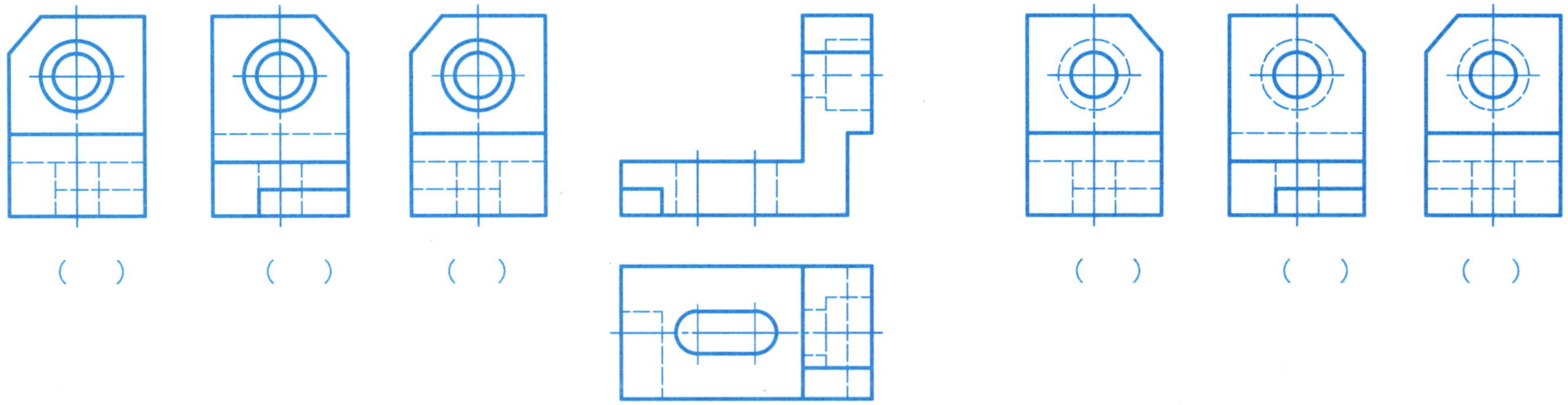

2. 选择正确的向视图，在括号内画√。

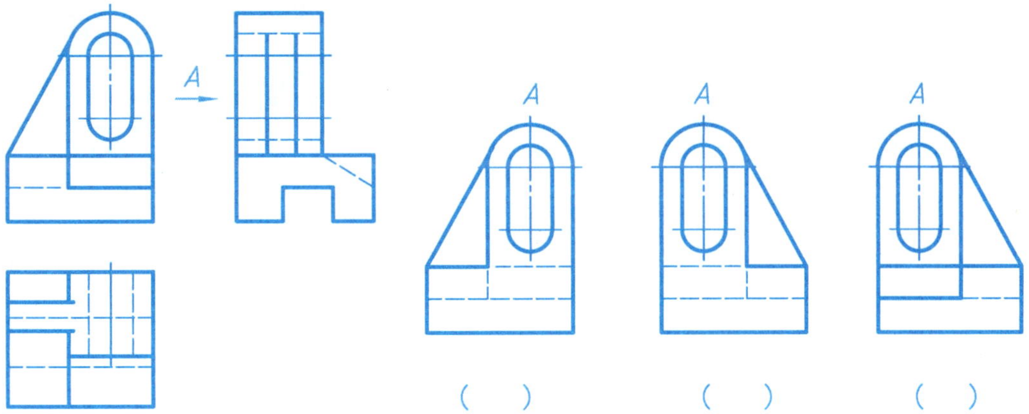

3. 选择正确的斜视图，在括号内画√。

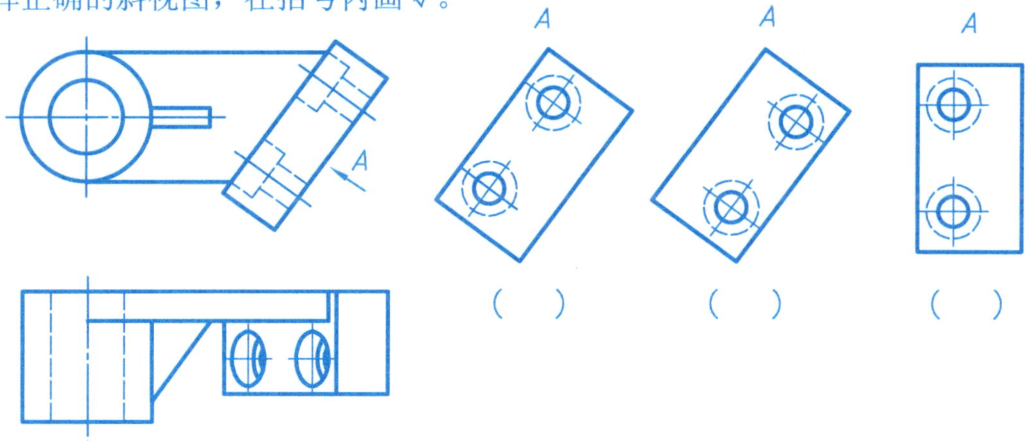

4. 选择正确的向视图，在括号内画√。

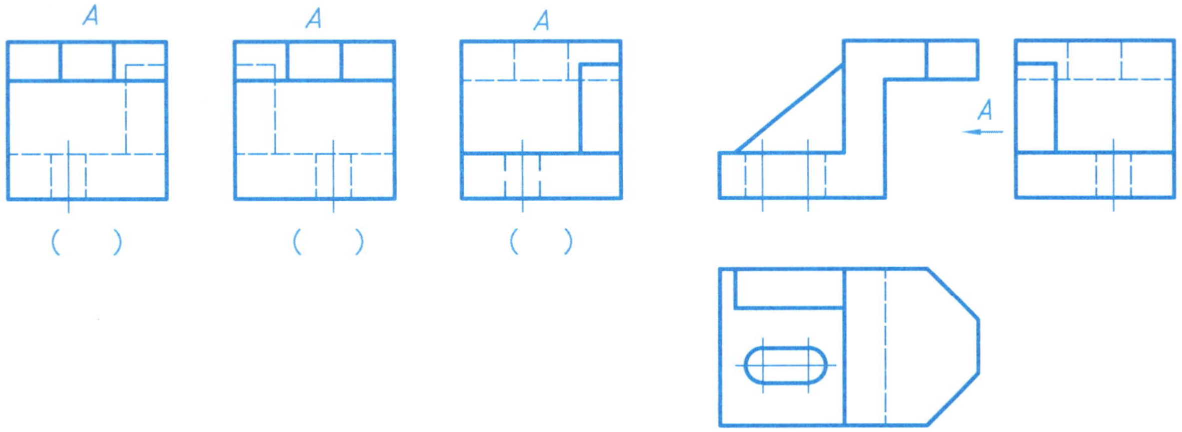

5. 选择正确的局部视图，在括号内画√。

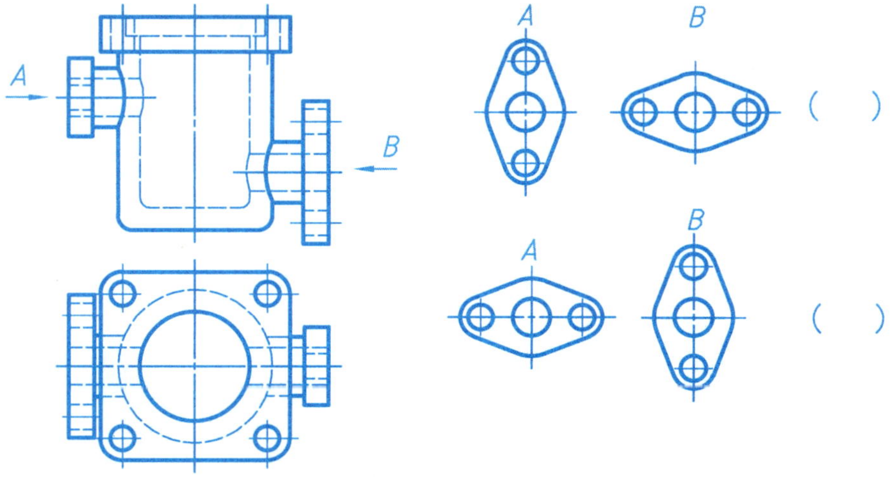

1. 在指定位置画出机件的右视图、仰视图和向视图A。

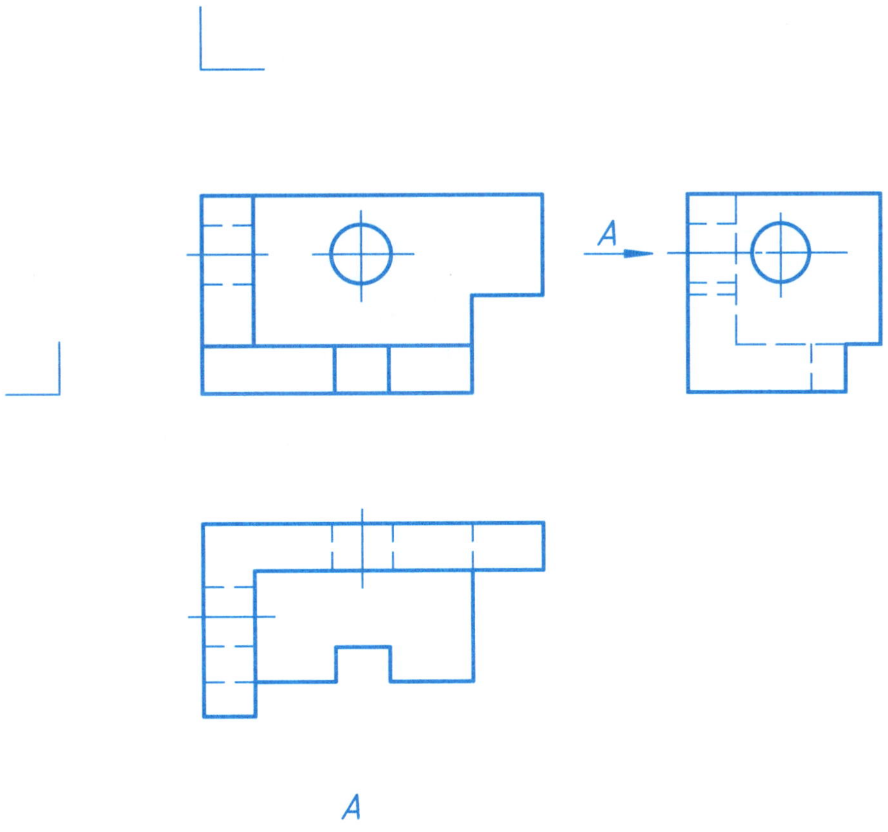

2. 根据立体的两视图，画出斜视图A和局部视图B。

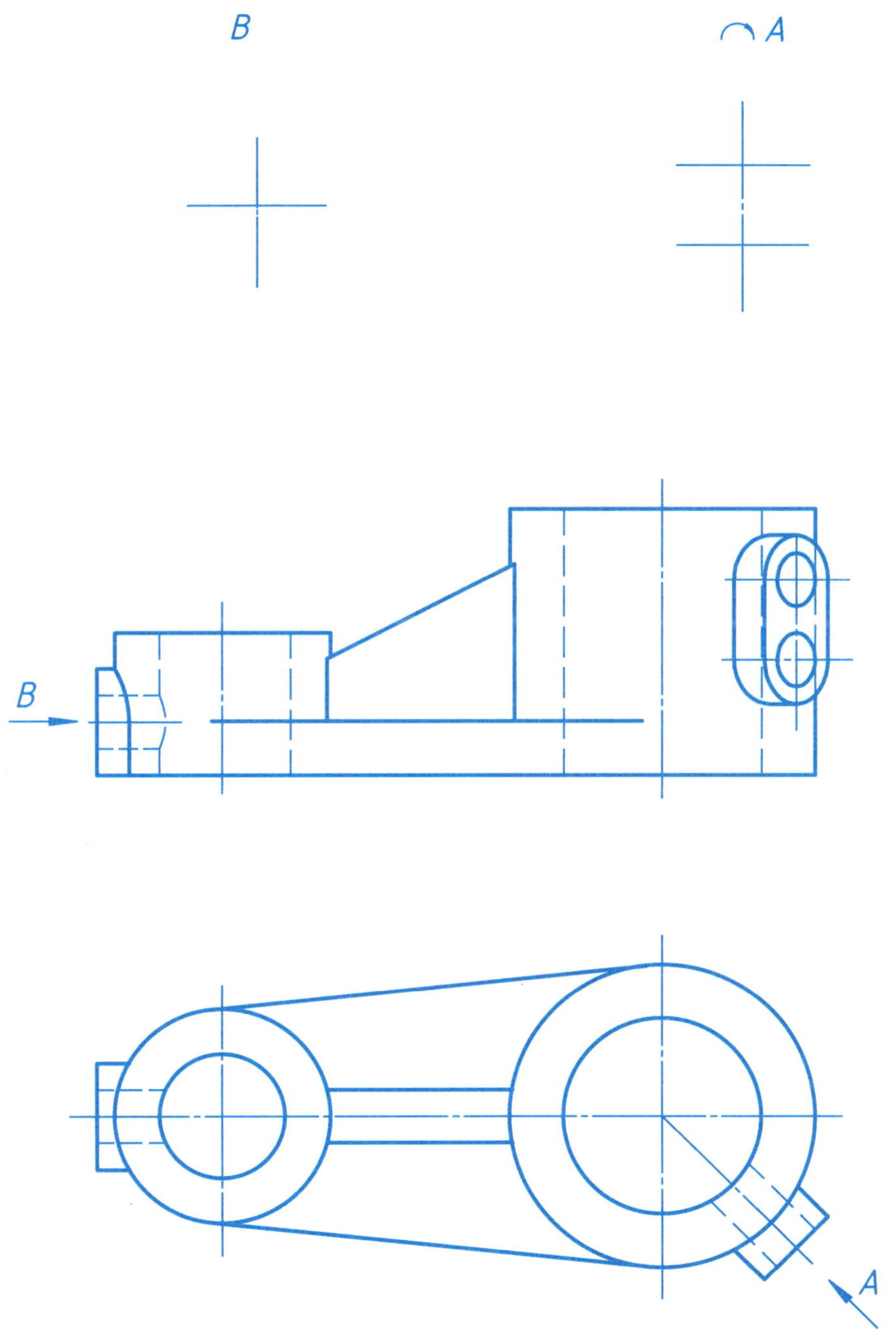

1. 根据立体的两视图及部分轴测图，用局部视图画出左端法兰的形状。

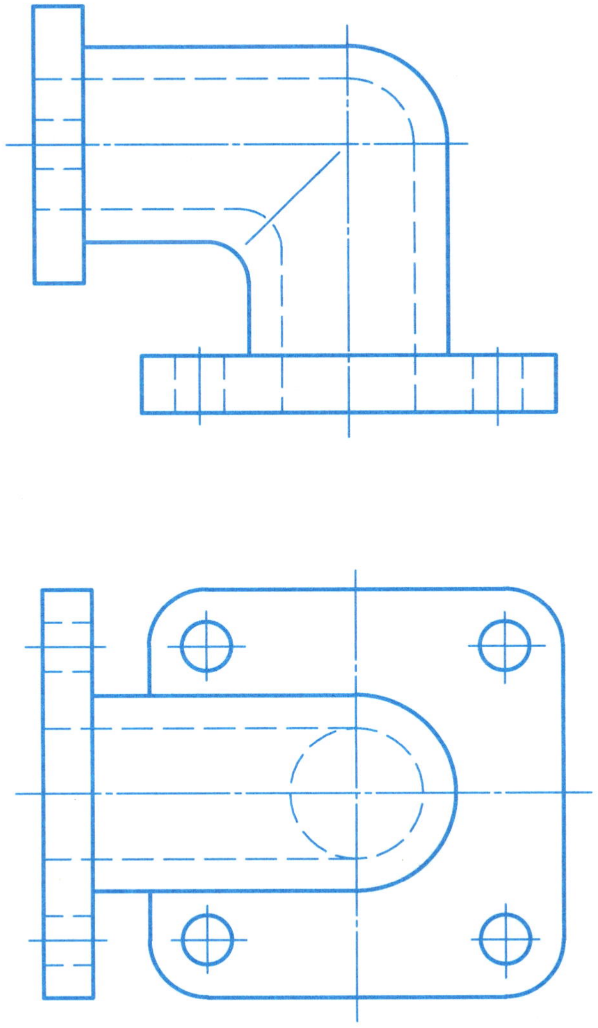

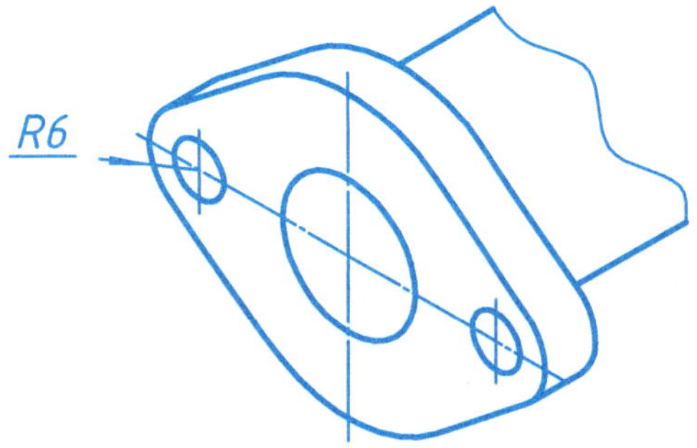

2. 根据立体的主视图和轴测图，补画为表达清楚它的形状所必要的局部视图和斜视图。

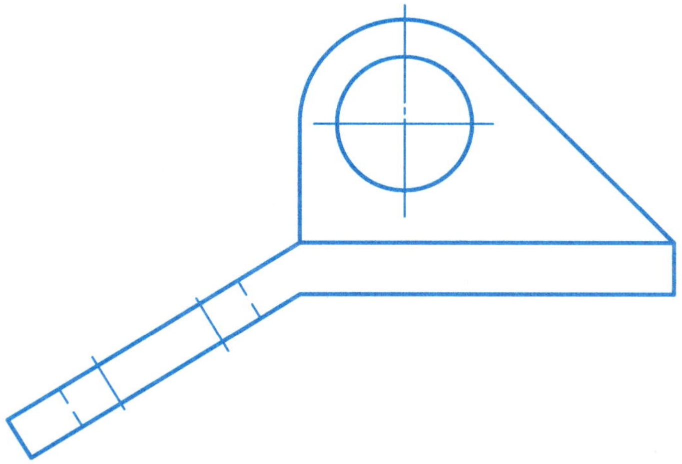

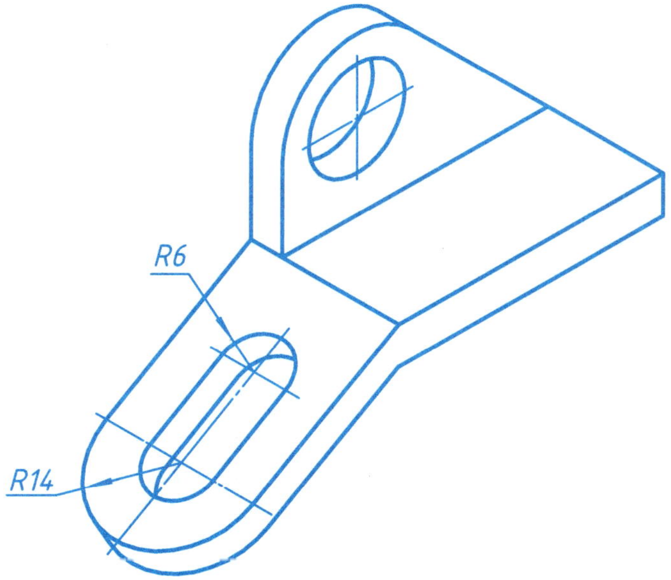

1. 根据给出的视图及立体剖切后的轴测图，补画视图中的漏线。

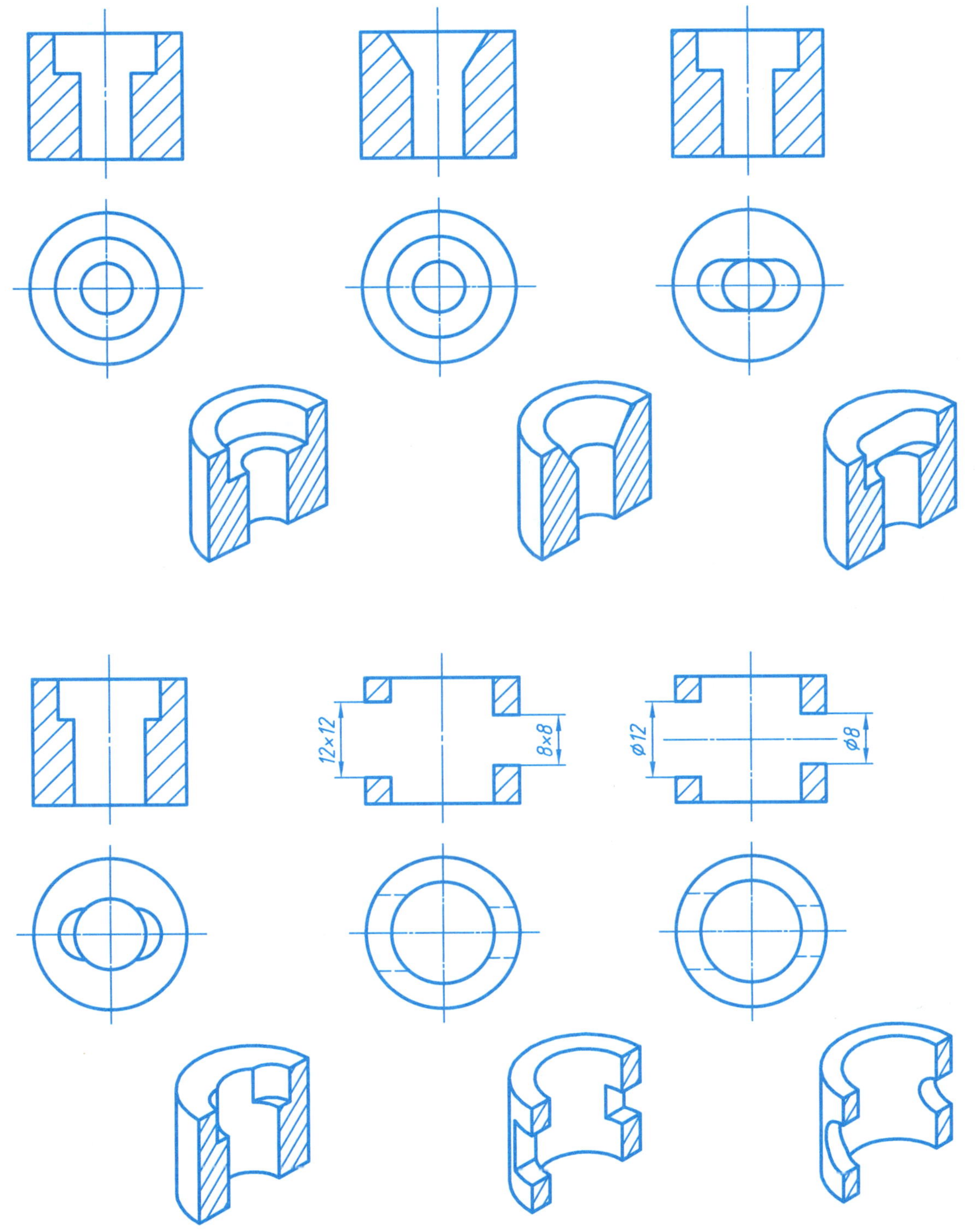

2. 根据给出的视图及立体剖切后的轴测图，补画视图中的漏线。

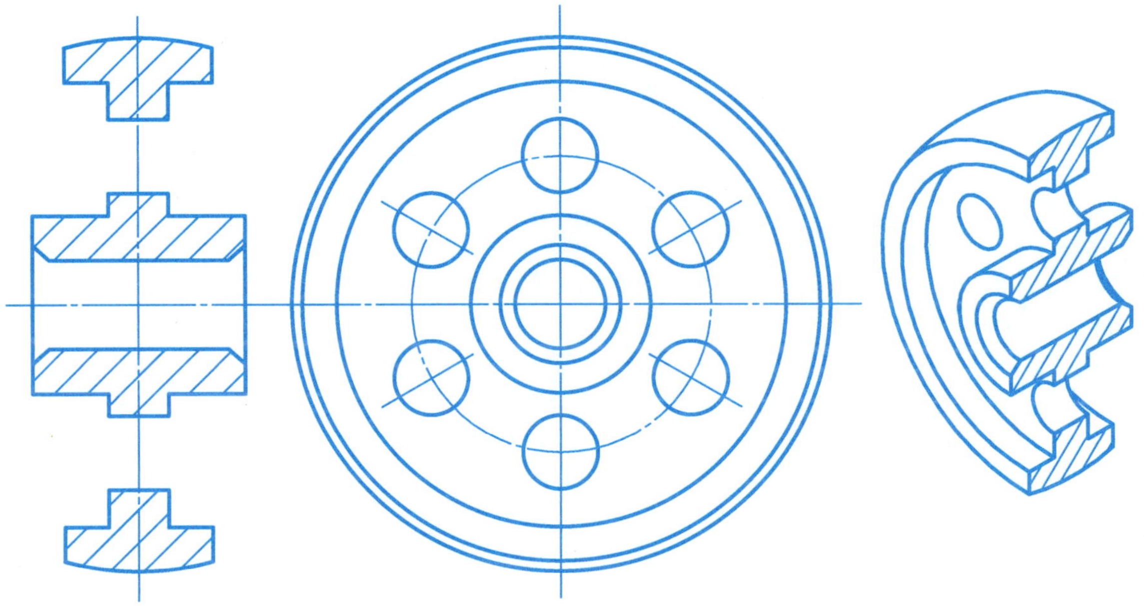

3. 根据给出的视图及立体剖切后的轴测图，补画视图中的漏线。

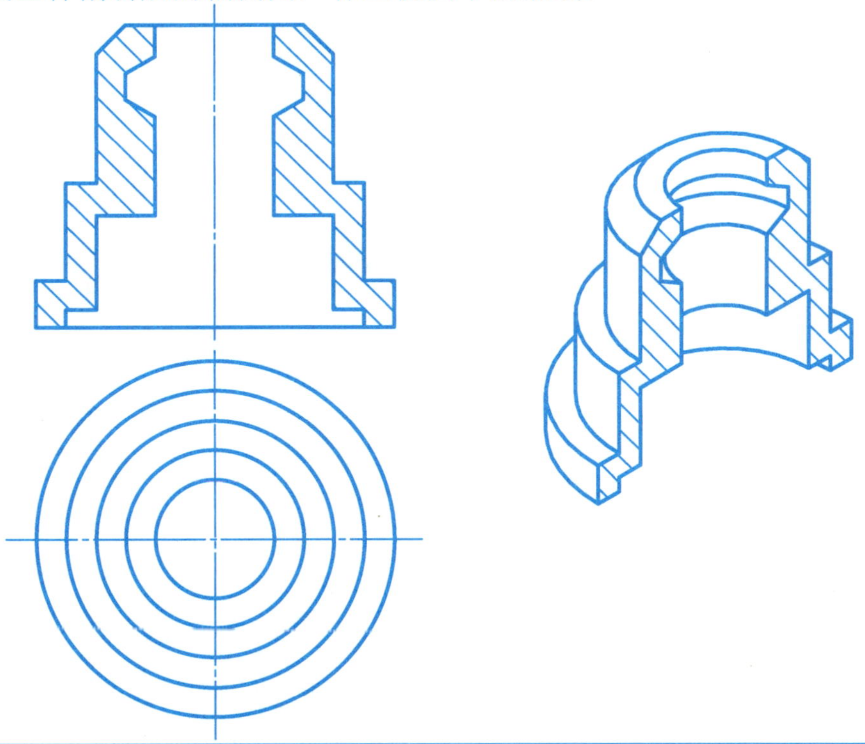

1. 在指定位置，将主视图画成全剖视图。

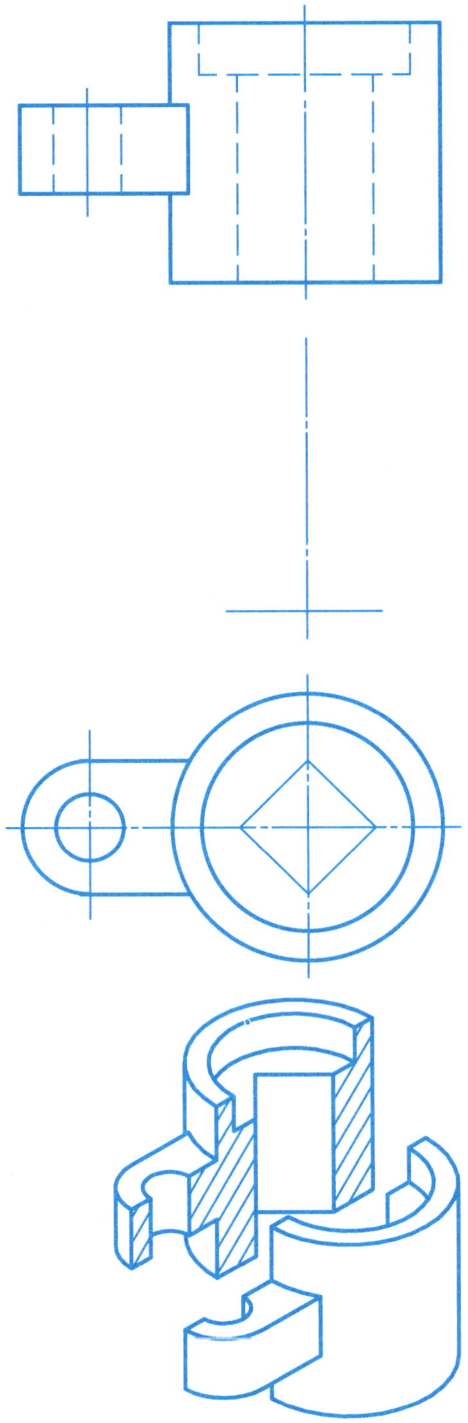

2. 在指定位置，将主视图画成半剖视图。

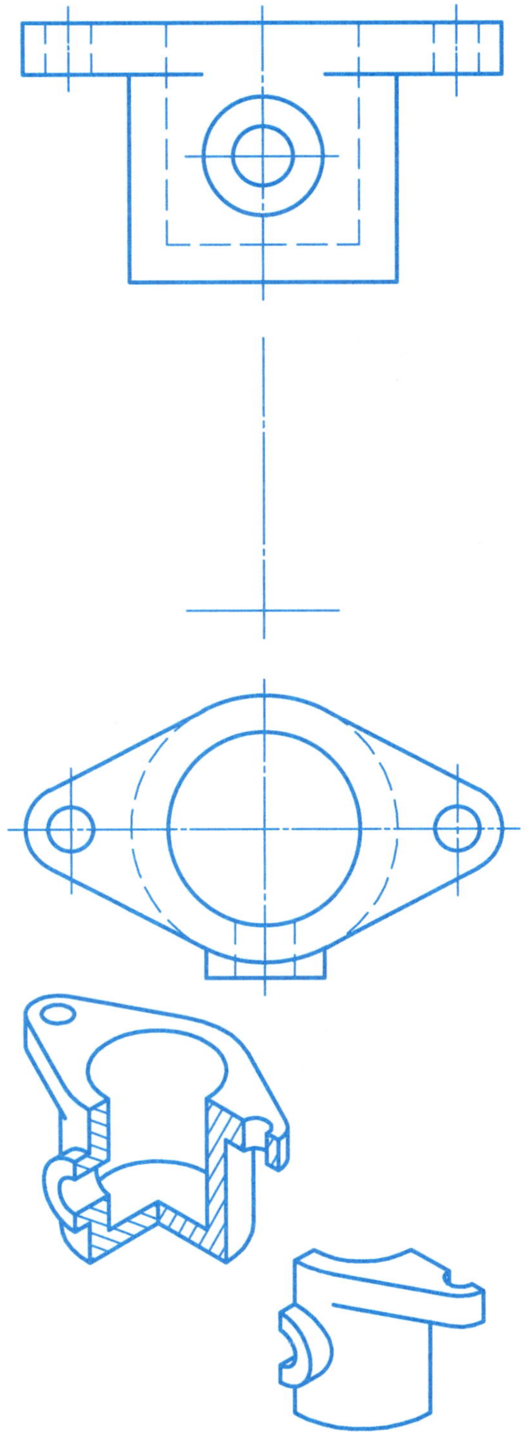

3. 补画全剖视图中的漏线。

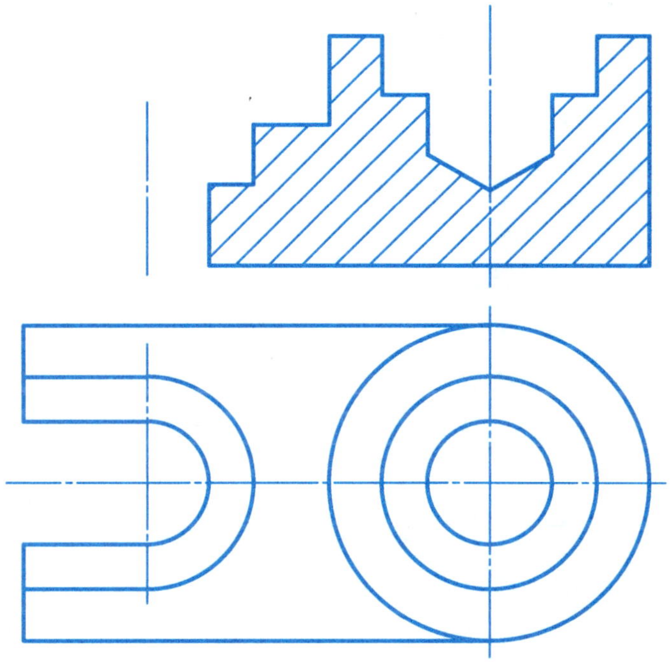

4. 补画全剖视图中的漏线。

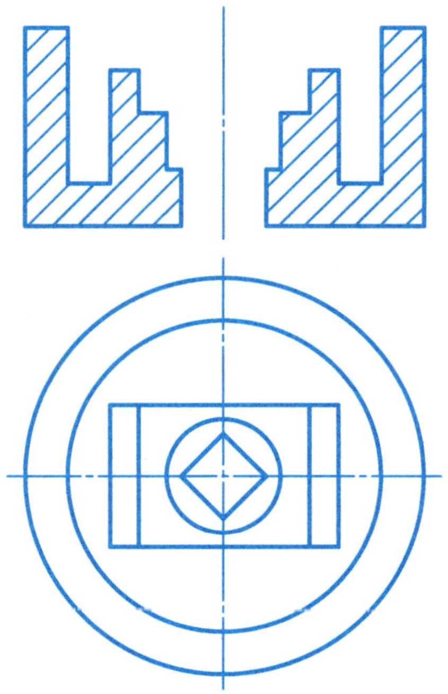

班级		姓名		学号		成绩		45

1. 补画半剖视图中的漏线。

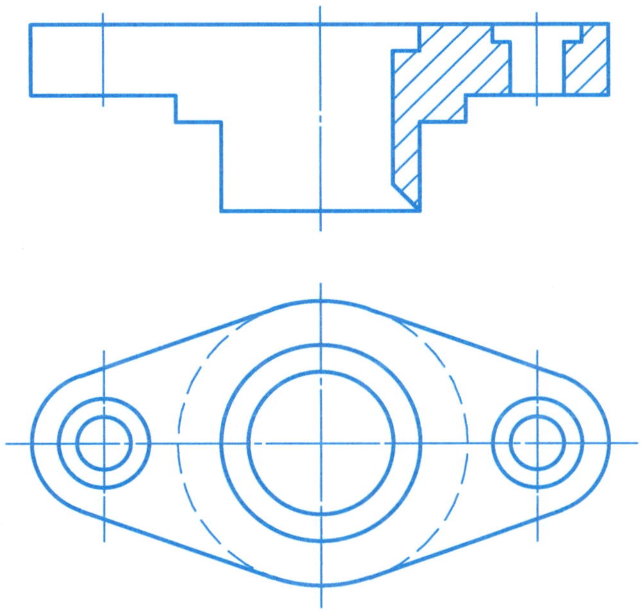

2. 补画全剖视图中的漏线。

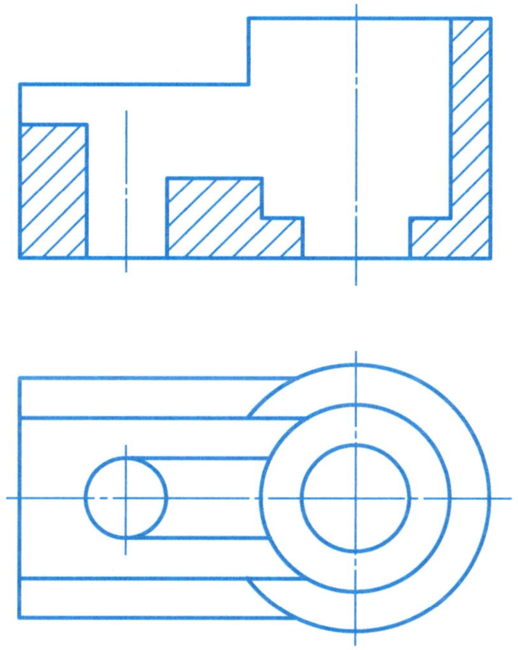

3. 参考立体轴测图，将主视图画成全剖视图。

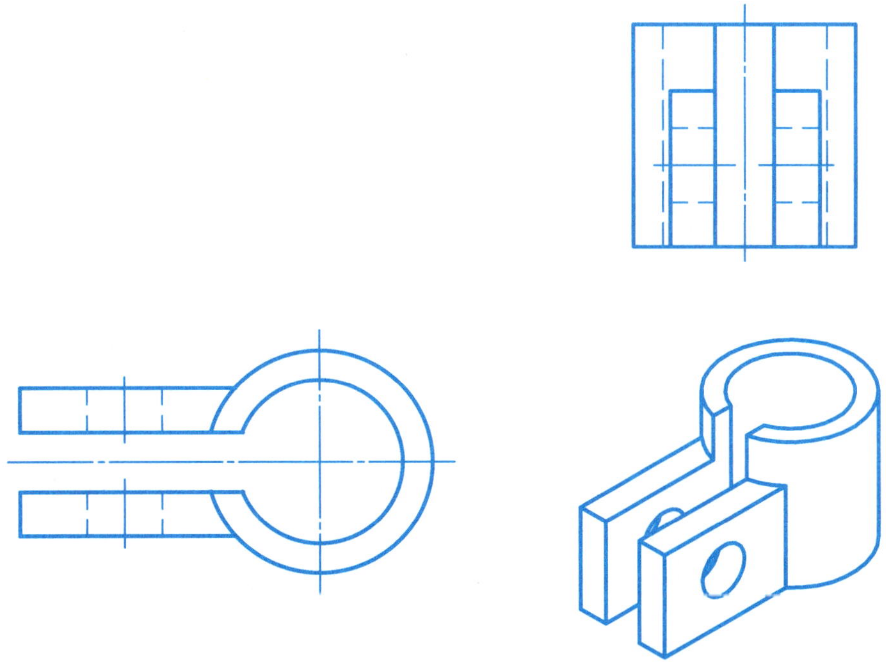

4. 参考立体轴测图，将左视图画成全剖视图。

1. 在指定位置将主视图改画成半剖视图，画出全剖左视图。

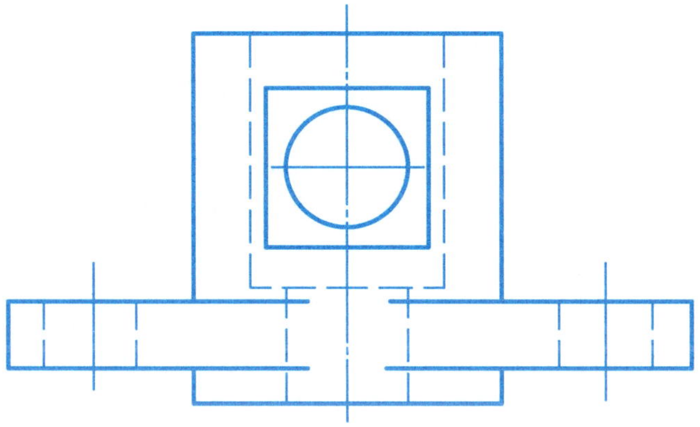

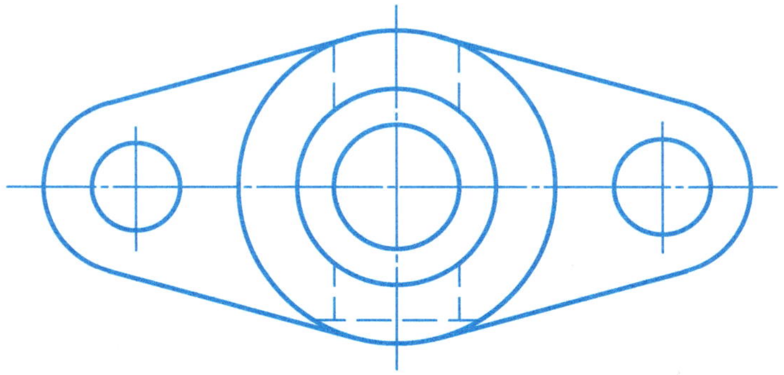

2. 将主视图改画为局部剖视图。

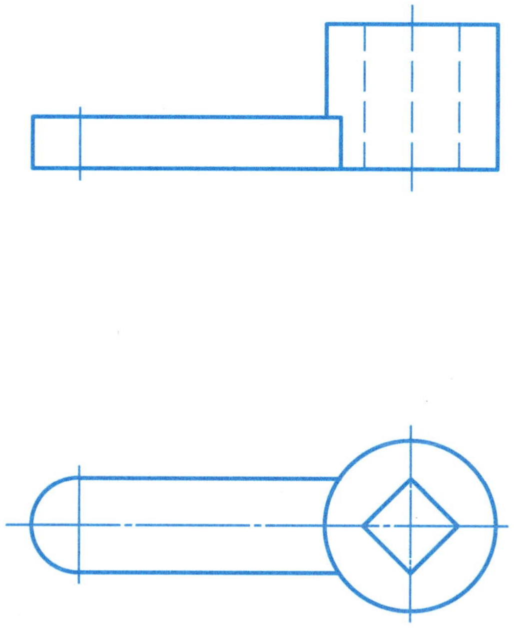

3. 分析局部剖视图中的错误，并在指定位置作出正确的局部剖视图。

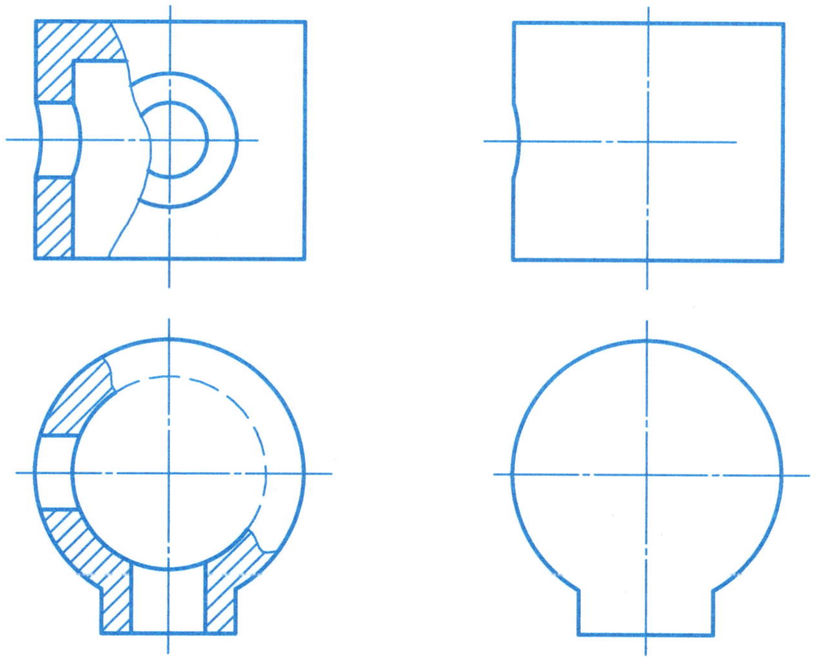

1. 在指定位置将主视图改画成全剖视图。

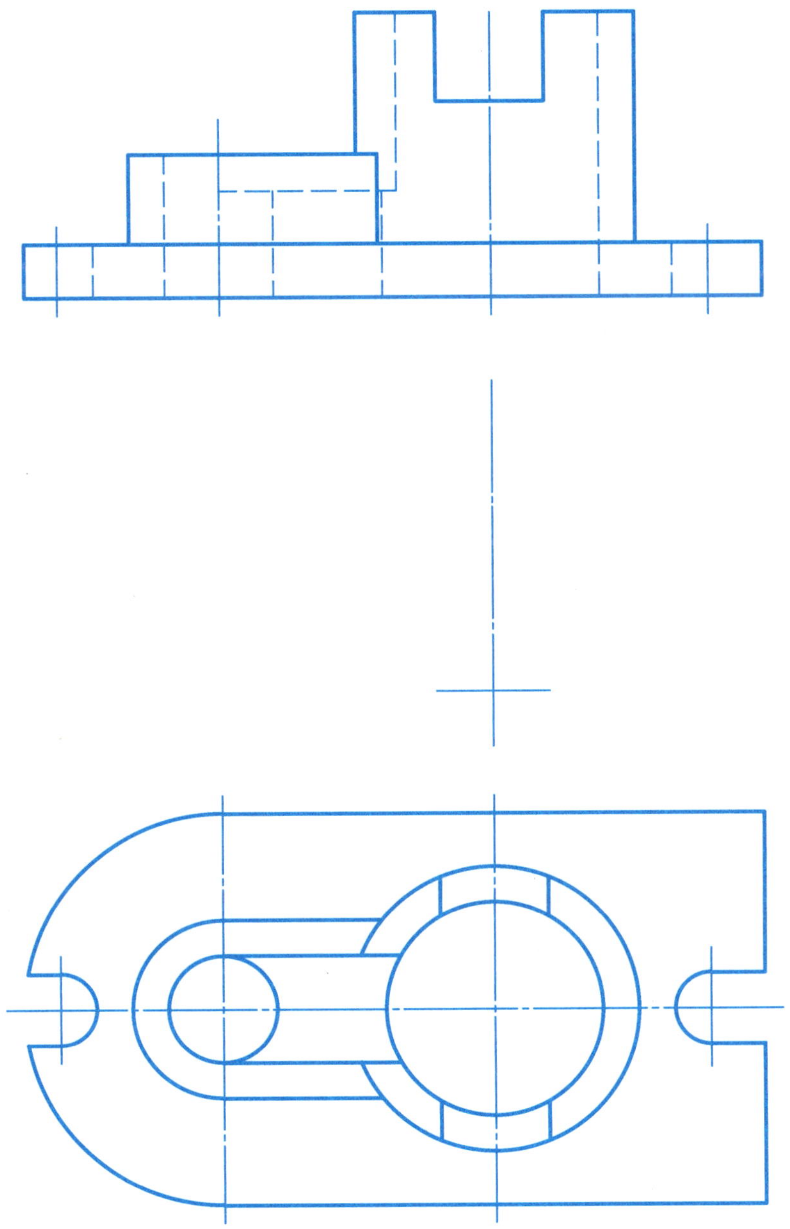

2. 在指定的位置将主视图改画为半剖视图，左视图画为全剖视图。

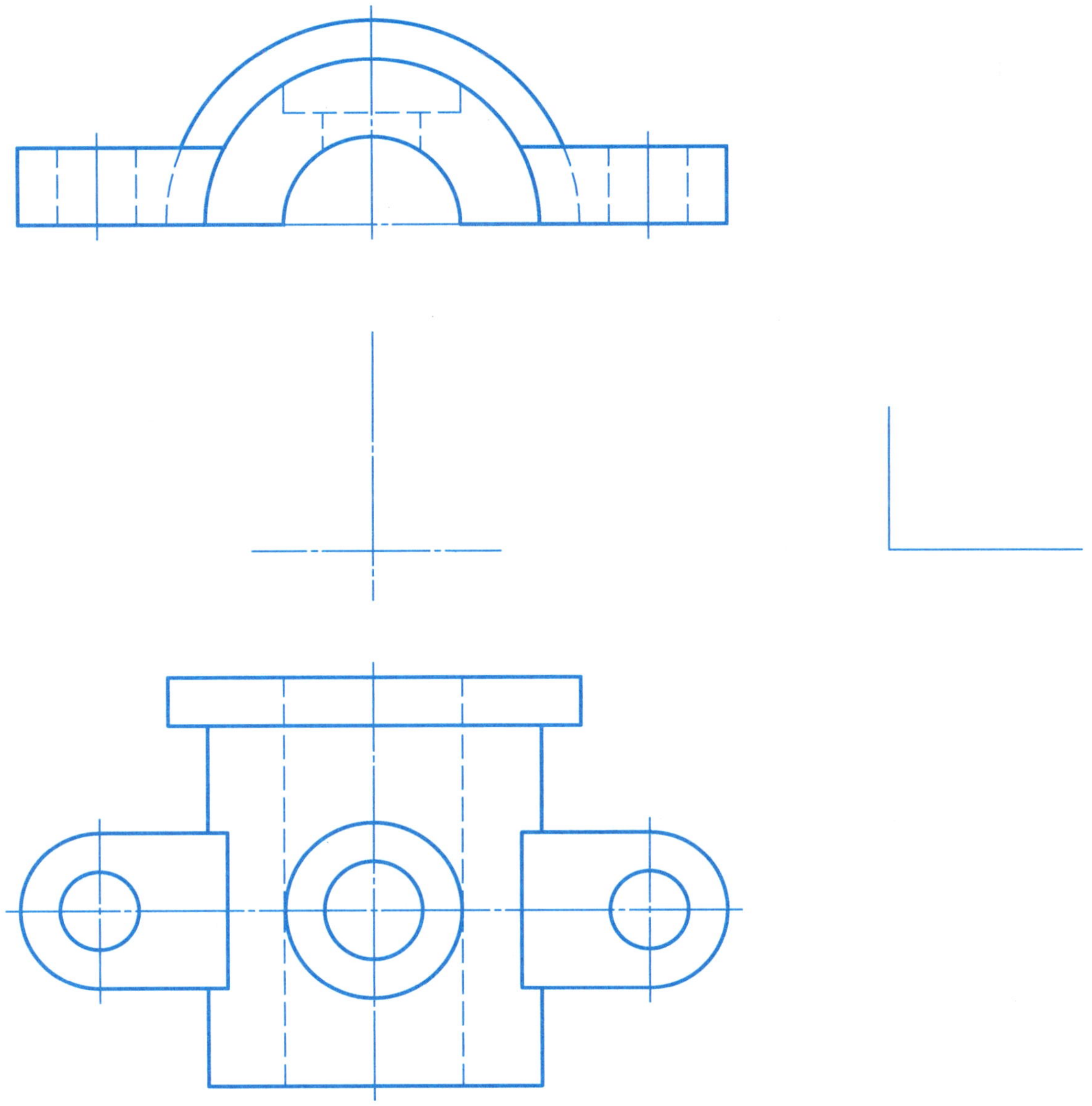

1. 标注剖视图尺寸（尺寸值按1∶1从图中量取，取整数）。

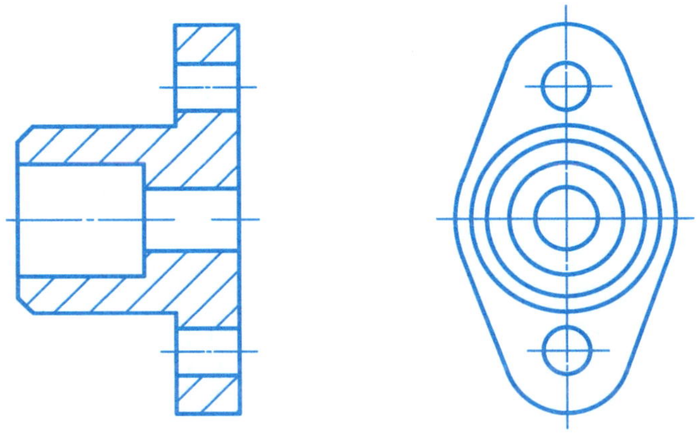

2. 补全主、左两视图，并标注尺寸（尺寸值按1∶1从图中量取，取整数）。

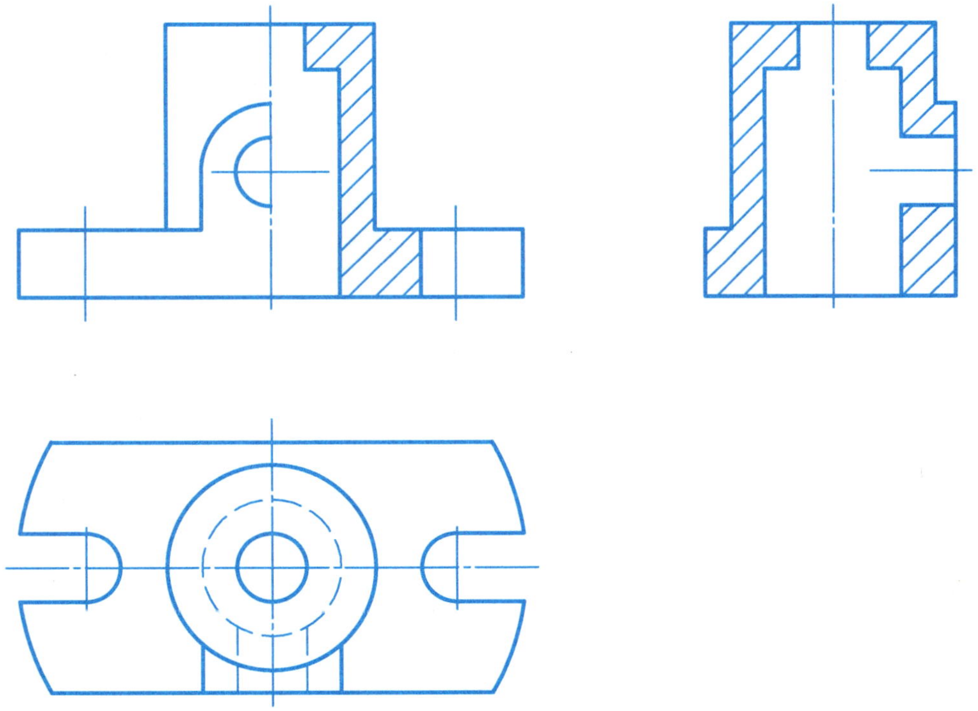

3. 在指定位置（1）将主视图改画成半剖视图；（2）将左视图画成全剖视图；（3）将底板上小孔在主视图中用局部剖视图表示。

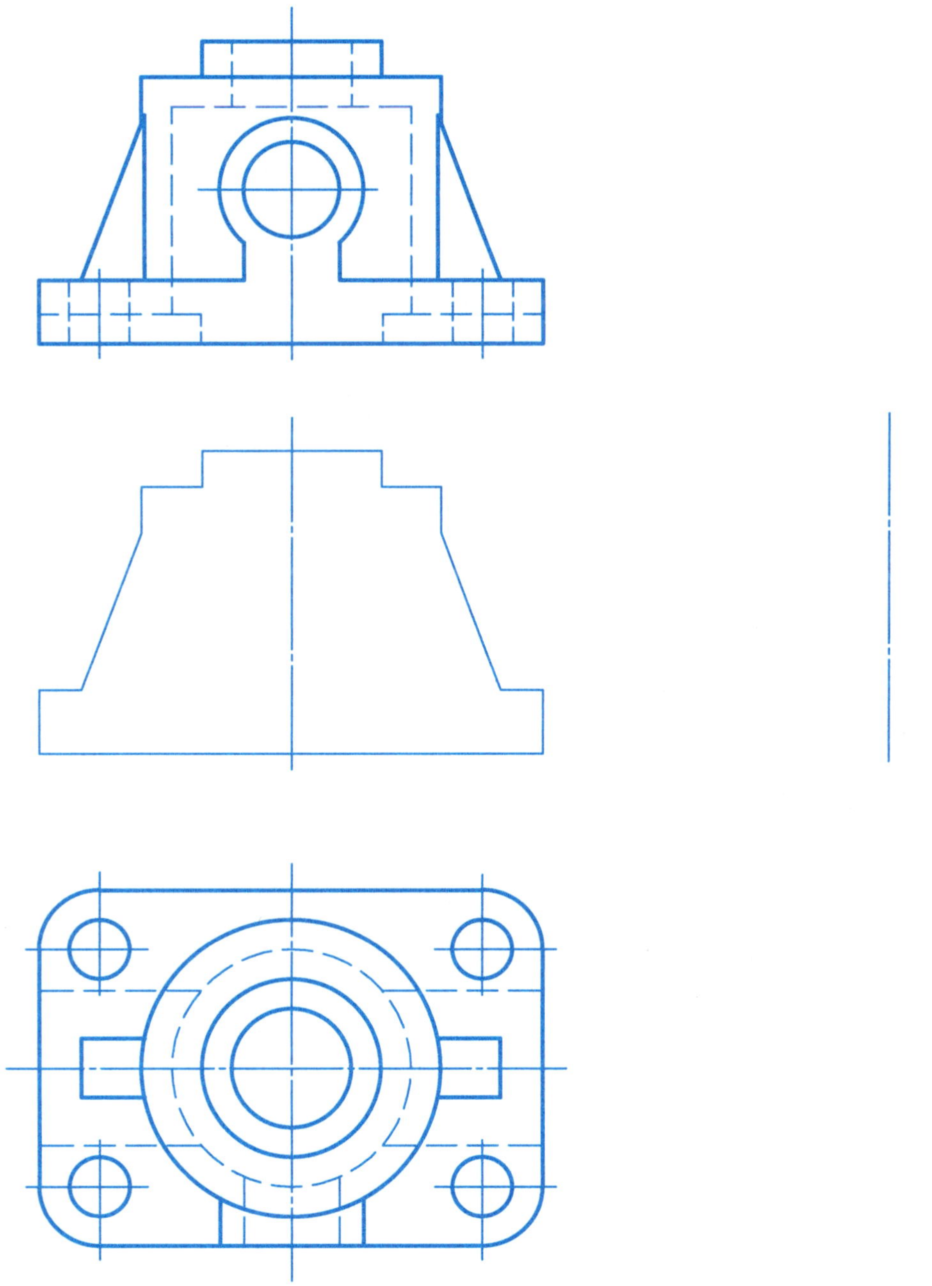

1. 选择正确的全剖主视图，在括号内画√。

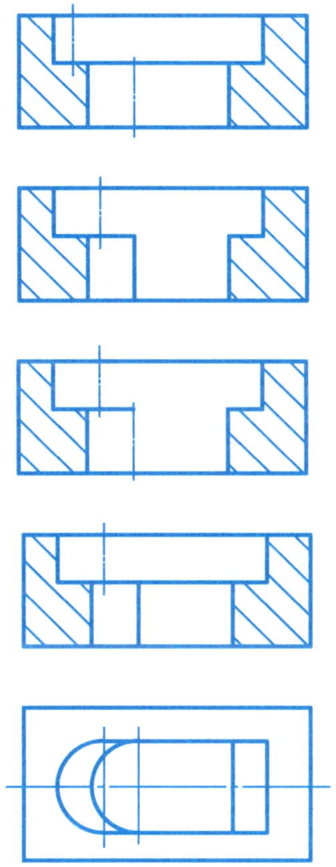

(　)

(　)

(　)

(　)

2. 选择正确的全剖主视图，在括号内画√。

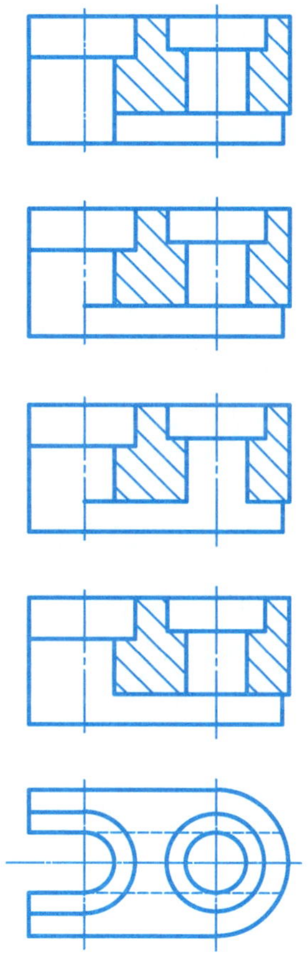

(　)

(　)

(　)

(　)

3. 选择正确的半剖主视图，在括号内画√。

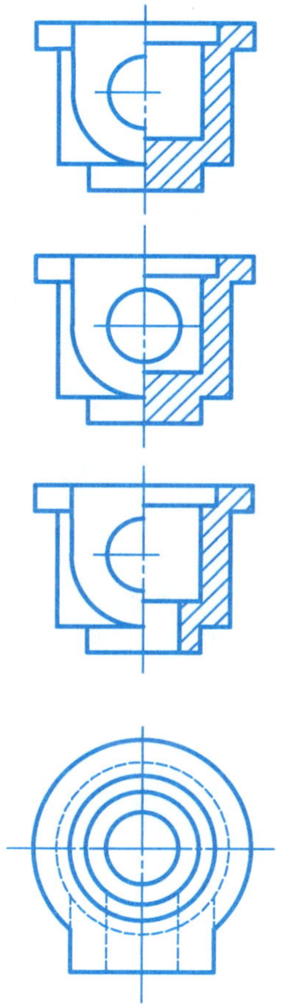

(　)

(　)

(　)

4. 选择正确的半剖主视图，在括号内画√。

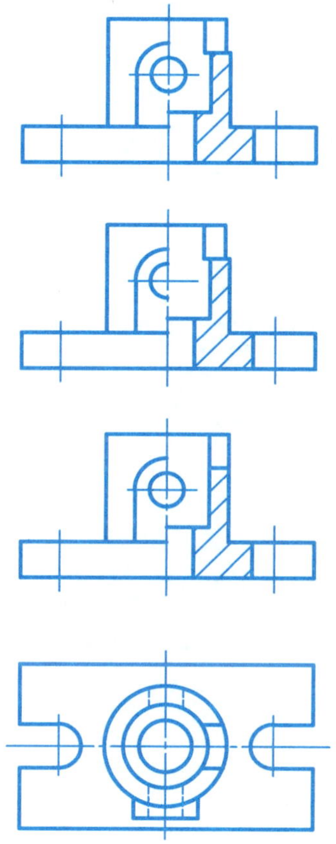

(　)

(　)

(　)

5. 选择正确的全剖主视图，在括号内画√。

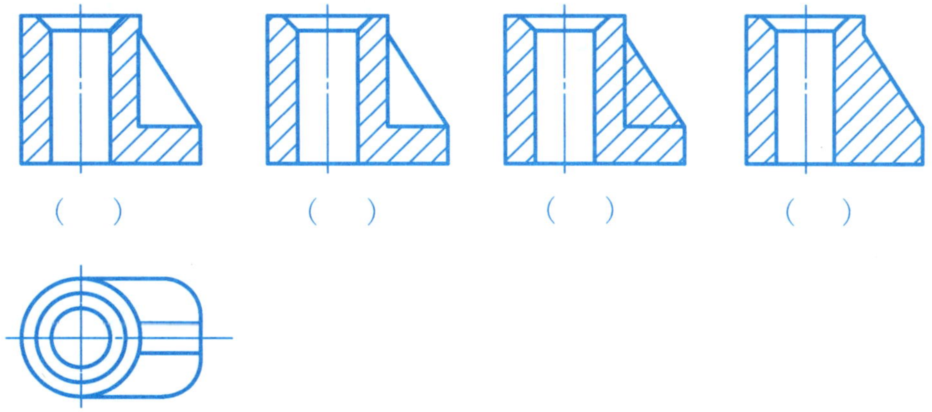

(　)　(　)　(　)　(　)

6. 选择正确的局部剖左视图，在括号内画√。

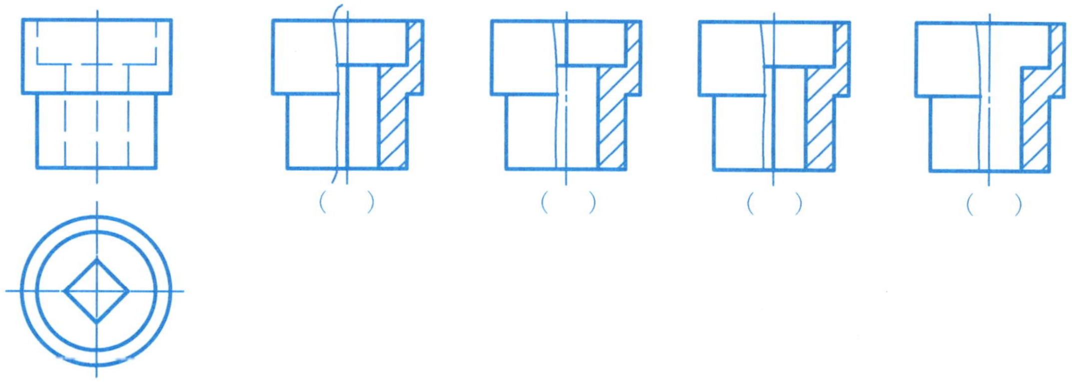

(　)　(　)　(　)　(　)

1. 用平行的剖切平面将主视图改画成剖视图。

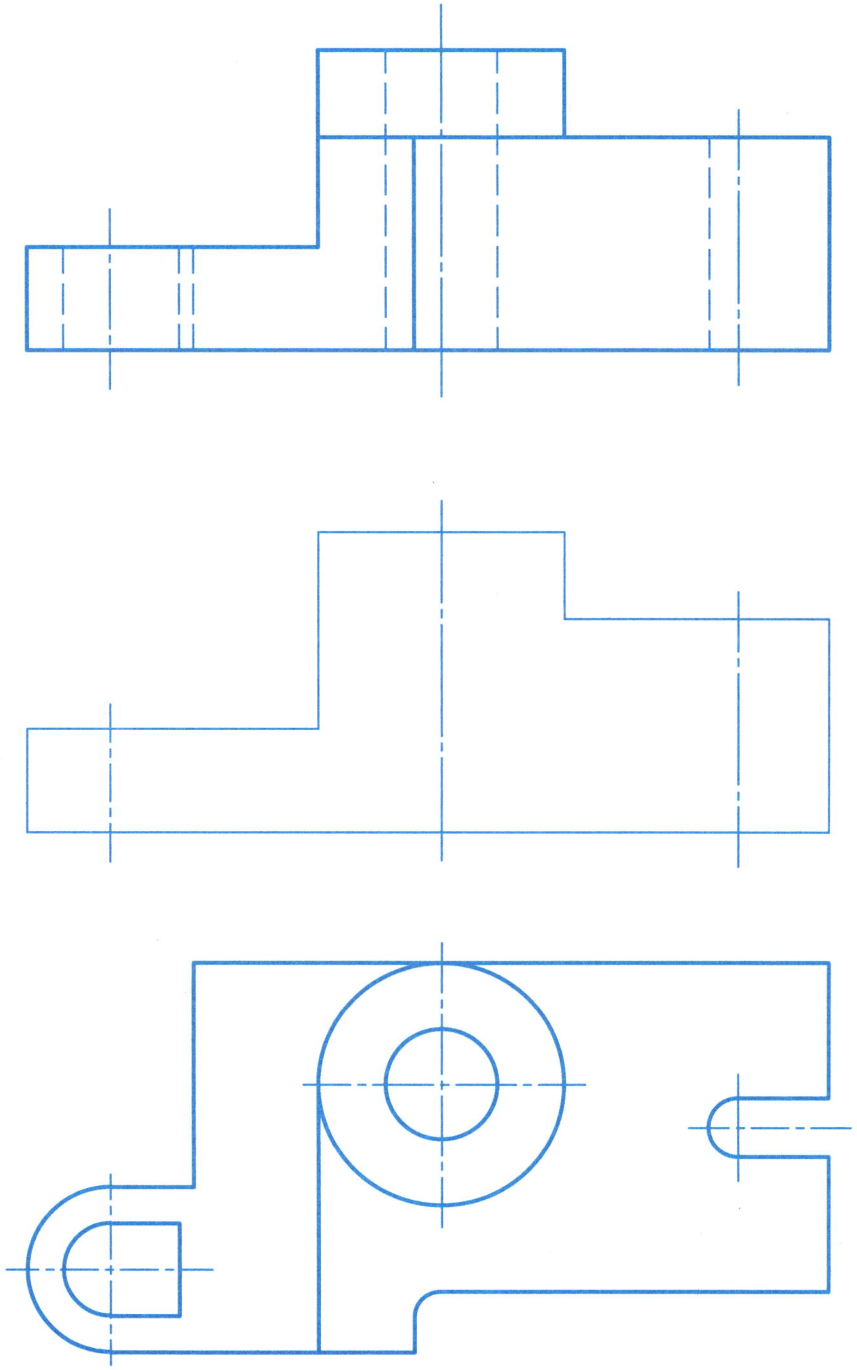

2. 用相交的剖切平面将主视图改画成剖视图。

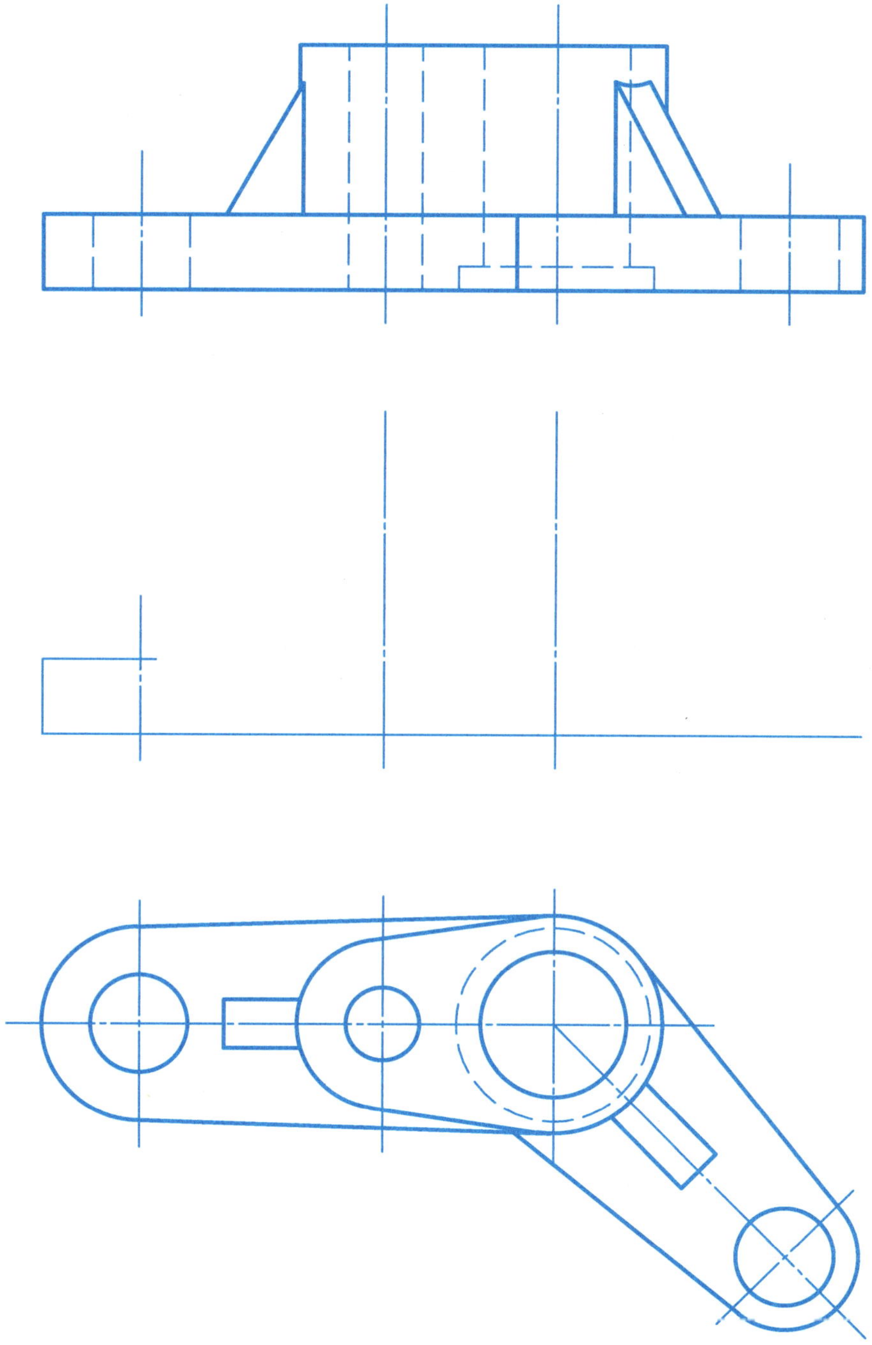

1. 选择正确的断面图，在其下方的括号中画“√”。

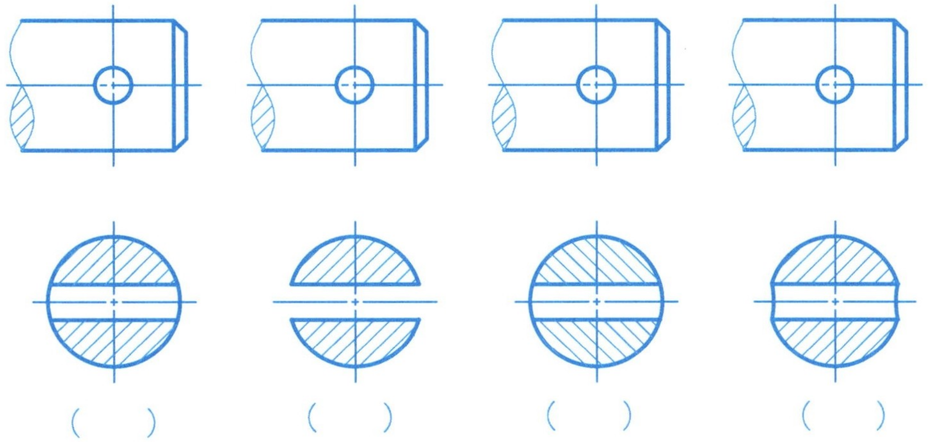

2. 选择正确的断面图，在其下方的括号中画“√”。

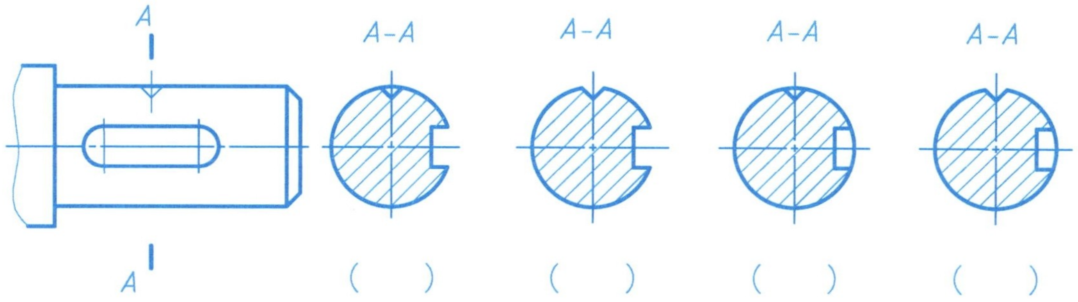

3. 选择正确的断面图，在其下方的括号中画“√”。

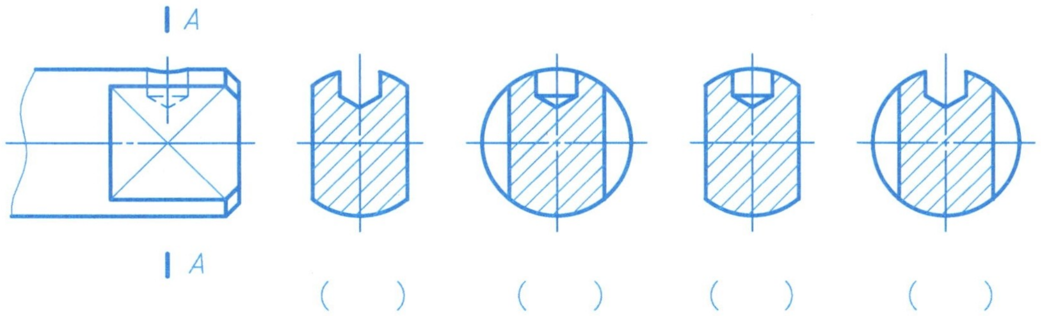

4. 选择正确的断面图，在其下方的括号中画“√”。

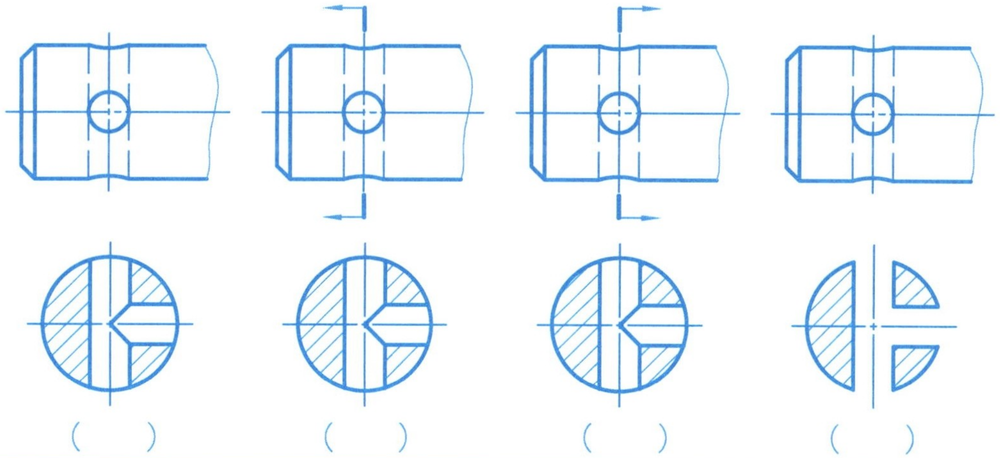

5. 选择正确的断面图，在其下方的括号中画“√”。

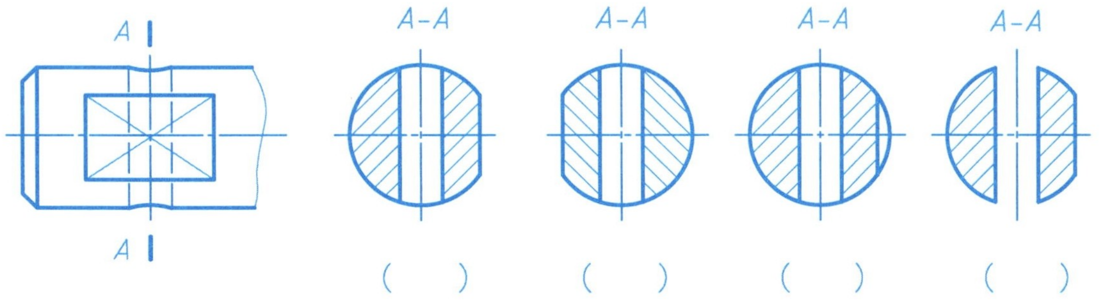

6. 选择正确的断面图，在其下方的括号中画“√”。

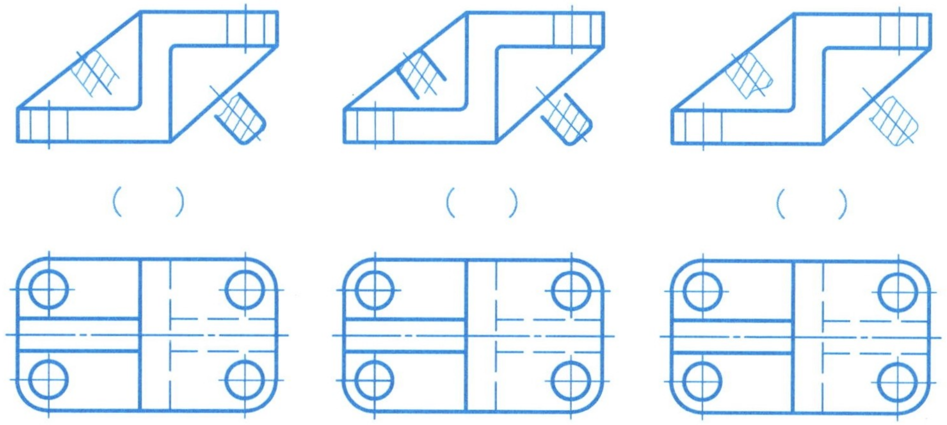

1. 选择正确的断面图，在括号内画√。

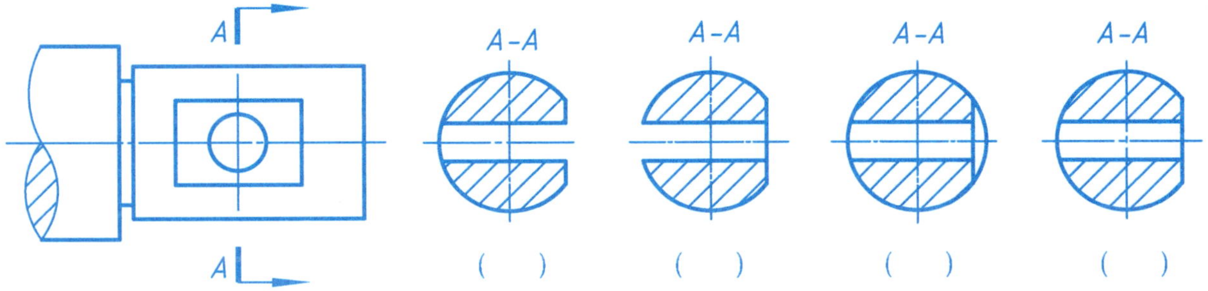

（　）　（　）　（　）　（　）

2. 选择正确的一组视图，在括号内画√。

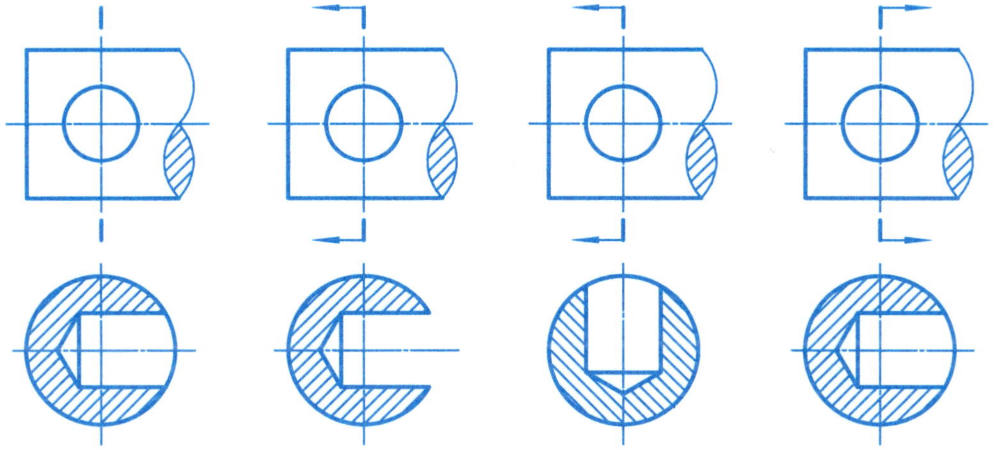

（　）　（　）　（　）　（　）

3. 选择正确的移出断面图，在括号内画√。

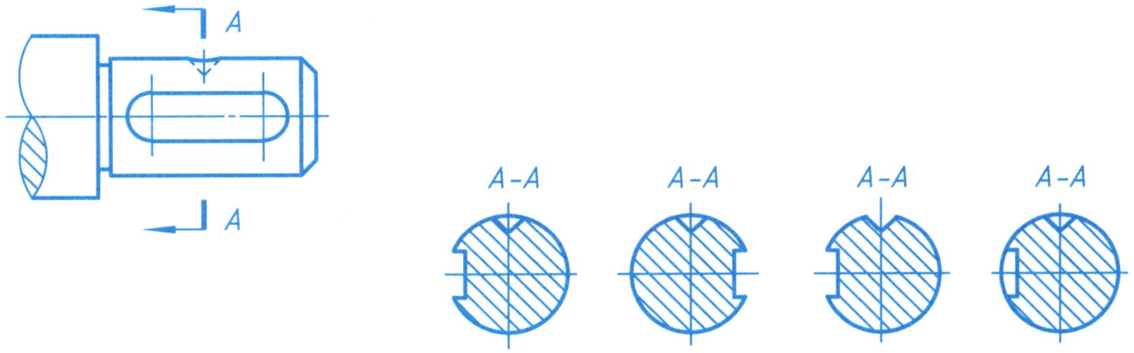

（　）　（　）　（　）　（　）

4. 选择正确的重合断面图，在括号内画√。

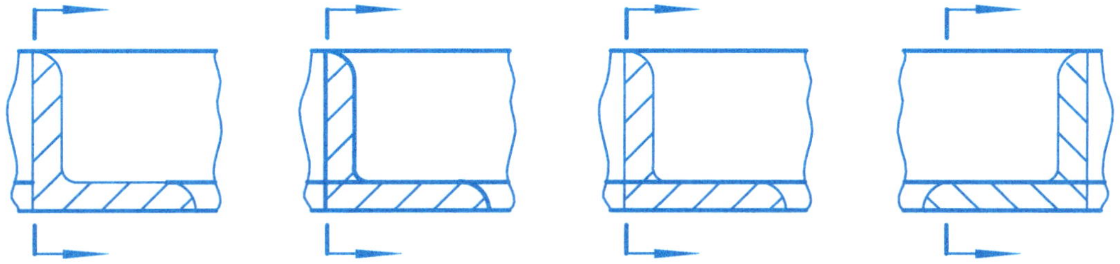

（　）　（　）　（　）　（　）

1. 在图中三个指定位置，分别作出（1）、（2）、（3）三个移出断面，并对断面进行标注。

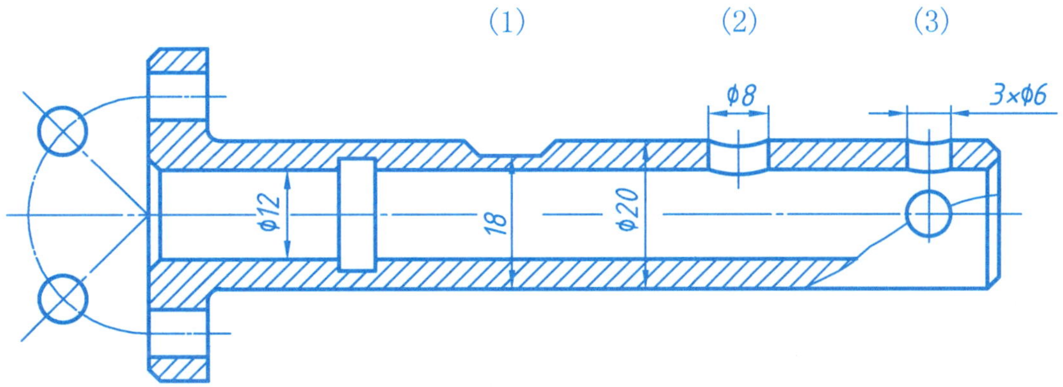

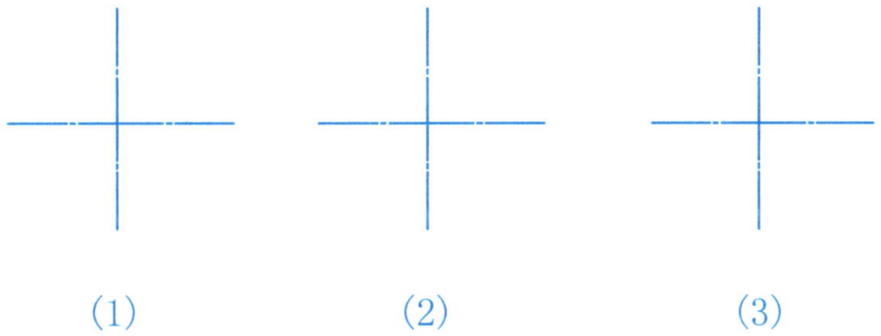

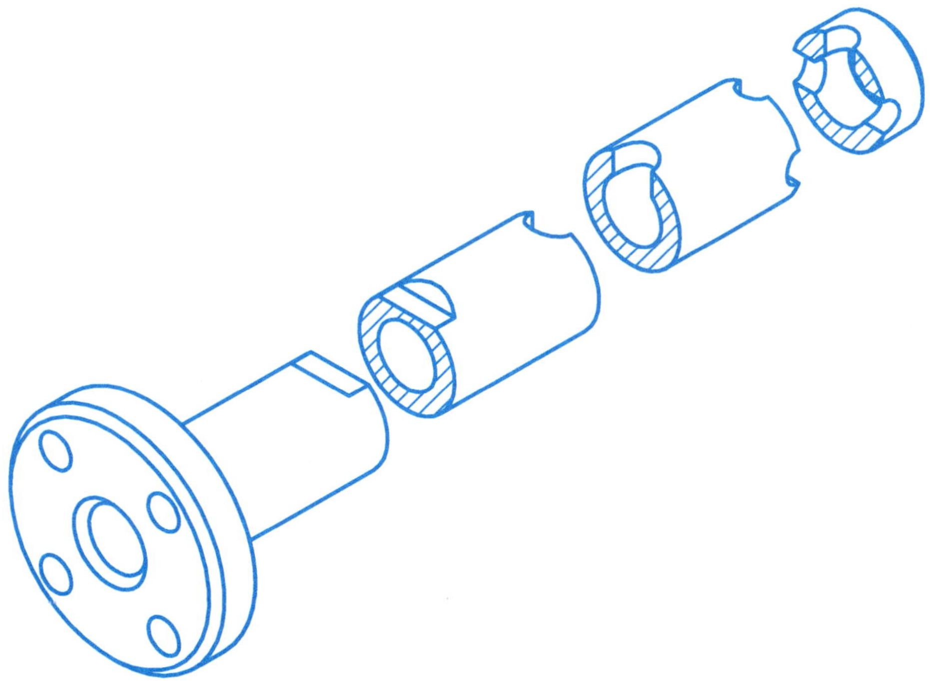

2. 在指定位置画出指定的三个断面图（键槽深5mm，圆孔为通孔）。

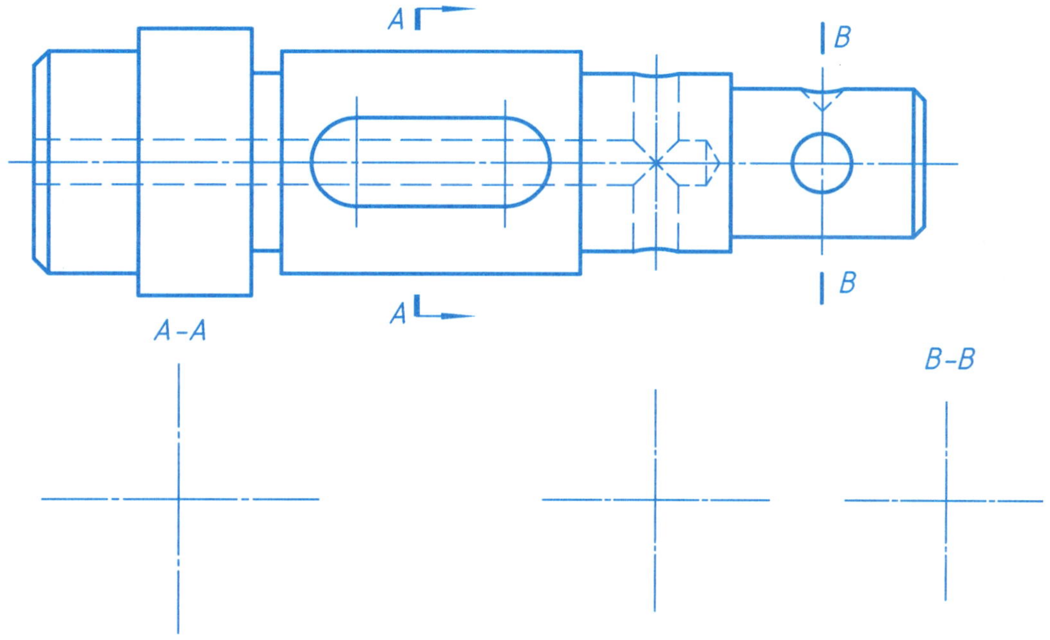

3. 作出A-A、B-B断面图。

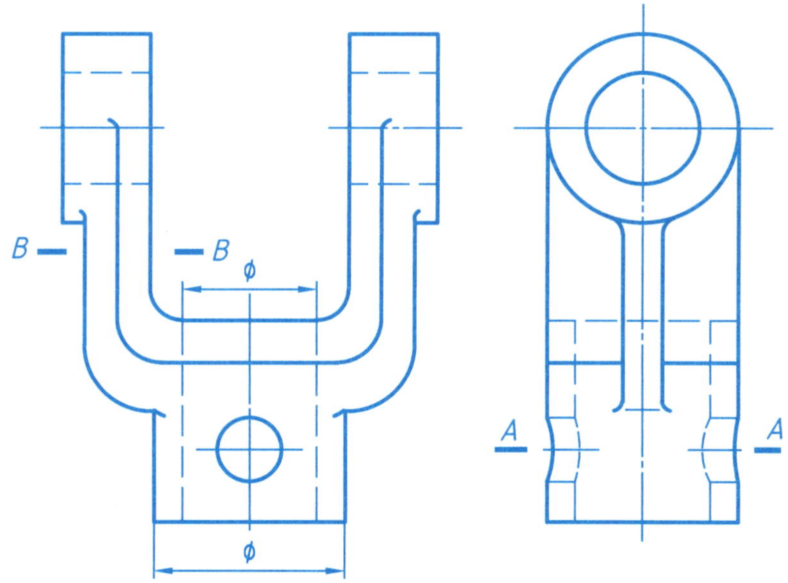

1. 选用适当的表达方法表示该机件。

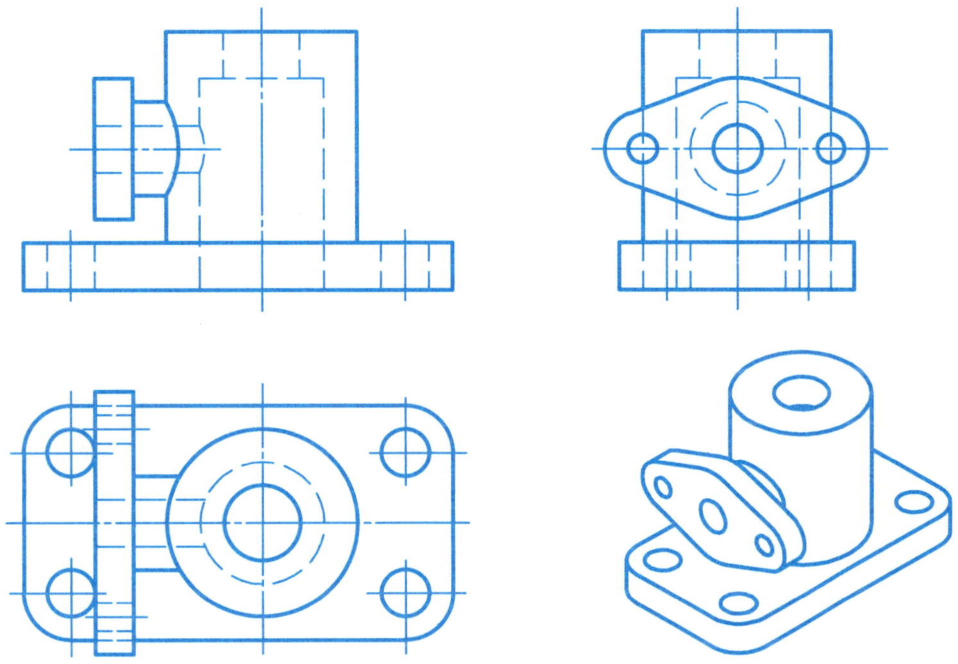

2. 选用适当的表达方法表示该机件。

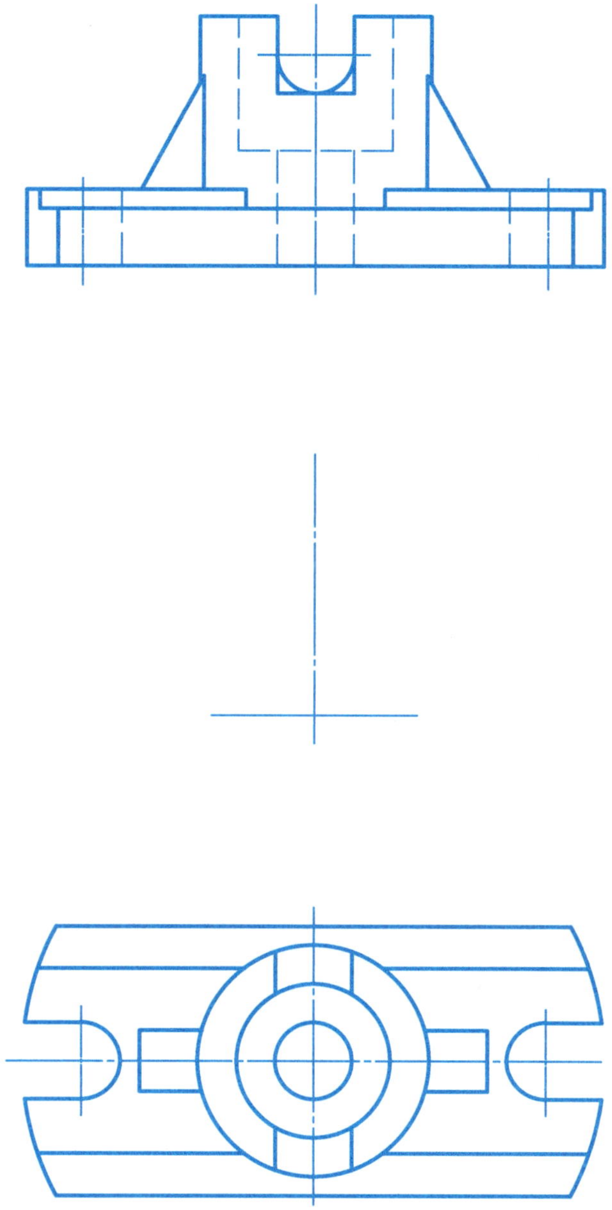

一、目的、内容与要求

1.目的：通过运用机件的常用表达方法，对轴测图所示模型进行表达，加深对常用表达方法的理解。同时，对于剖视的概念和画法也起到了进一步的巩固作用。

2.内容：根据轴测图画出其图形表达方案，并标注尺寸。

3.要求：布图合理，图形正确，线型规范，字体工整，尺寸标注正确、完整、清晰，图面整洁。

二、图名、图幅和比例

1.图名：机件剖视图。

2.图纸幅面：A4 图纸。

3.比例：1∶2。

三、绘图步骤

1.对所要绘制的机件进行形体分析，选择主视图方向，根据机件结构确定表达方案，并按照比例要求和尺寸布置视图的位置，画出中心线、主要的轴线和重要的边线。

2.用细线逐步画出机件的表达方案。

3.检查无误，加深。

4.标注尺寸。

5.填写标题栏。

四、注意事项

1.在视图之间应留出标注尺寸的空间。

2.画剖视图时，要注意剖切平面和剖切方案的选择。

3.加深时，先加深曲线，再加深直线。

4.零件名称：支架，材料：HT200；未注倒角$C1.5$，未注圆角$R3$。

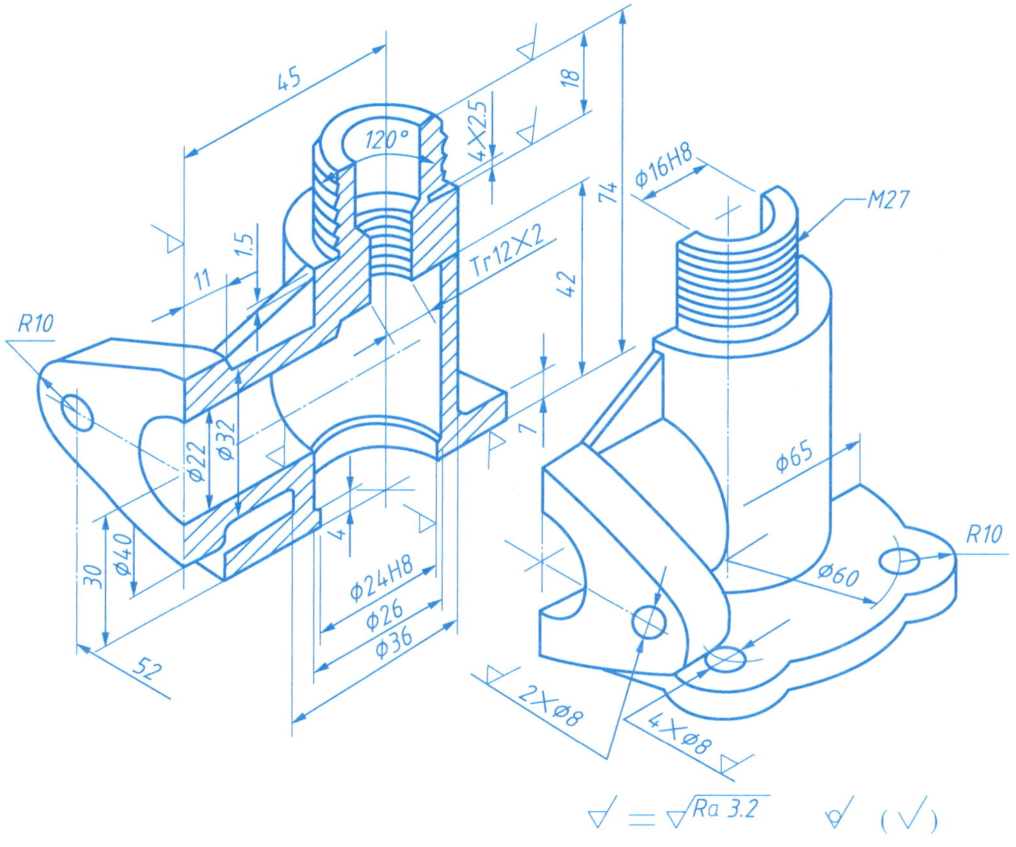

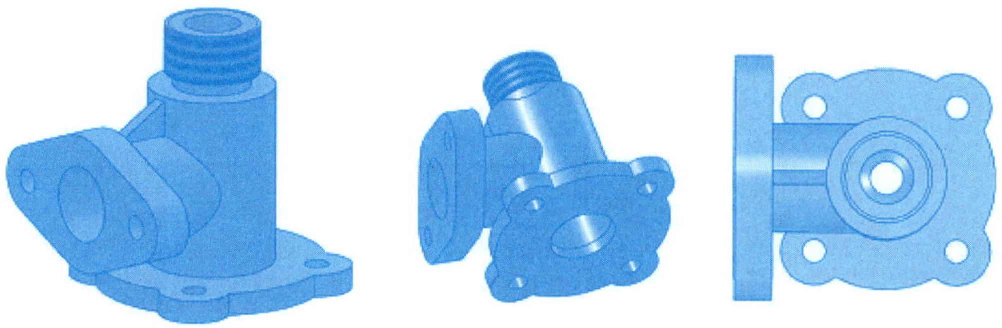

1. 按规定画法绘制内、外螺纹及内外螺纹旋合（比例1∶1）。

(1) 外螺纹　螺纹大径为20mm，螺纹长30mm，倒角为$C2$。画全螺杆的主、左视图。

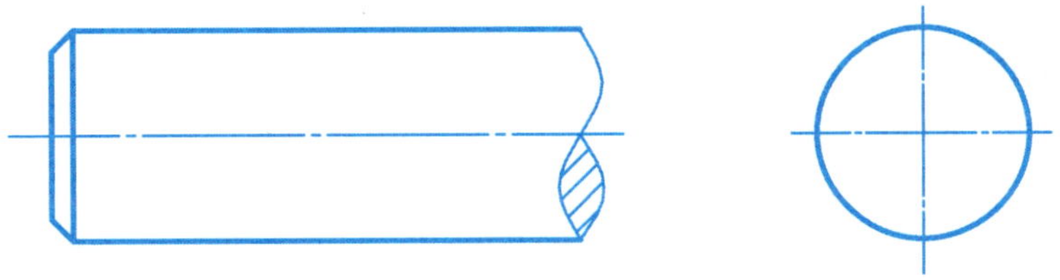

(2) 内螺纹　螺纹大径为20mm、螺纹长25mm、孔深35mm、画全内螺纹的主、左视图，主视图画成全剖视图。

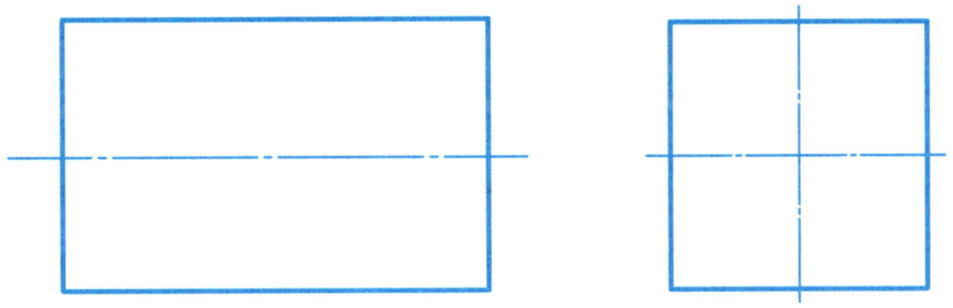

(3) 将(1)的外螺纹旋入(2)的螺孔，旋合长度为20mm，绘制内、外螺纹连接的主、左视图（皆为剖视图）。

2. 根据下列给定的螺纹要素，标注螺纹的标记或代号。

(1) 粗牙普通螺纹，大径24mm，螺距3mm，单线，右旋，螺纹中径、顶径公差带代号均为6H。

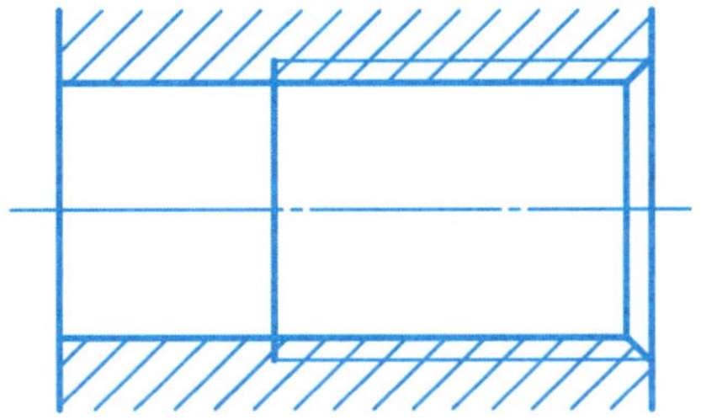

(2) 细牙普通螺纹，大径30mm，螺距2mm，单线，右旋，螺纹中径、顶径公差带代号分别为5g、6g。

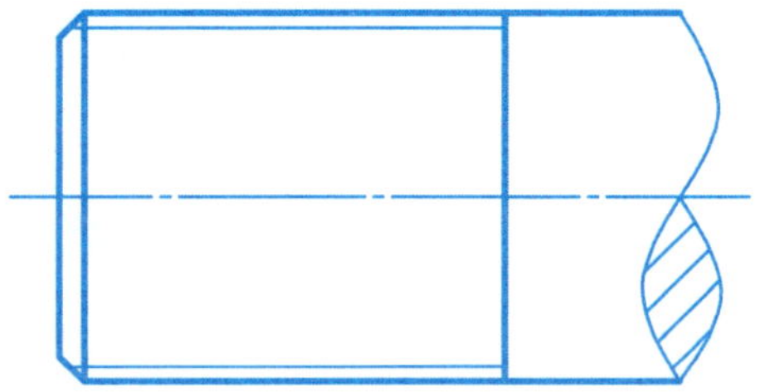

(3) 55°非密封管螺纹，尺寸代号3/4，公差等级为A级，右旋。

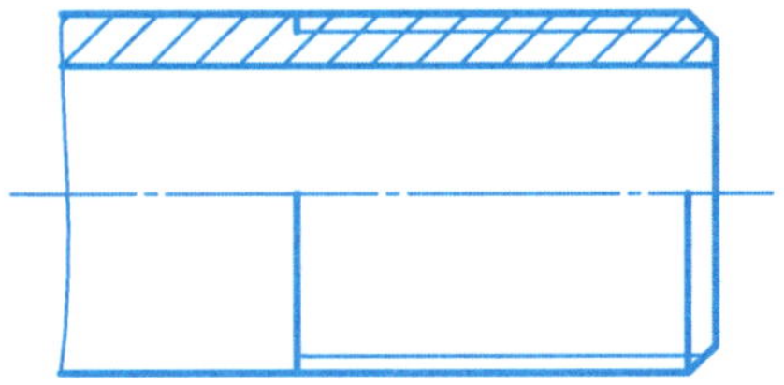

(4) 梯形螺纹，大径32mm，螺距6mm，双线，左旋，中径公差带代号为7e。

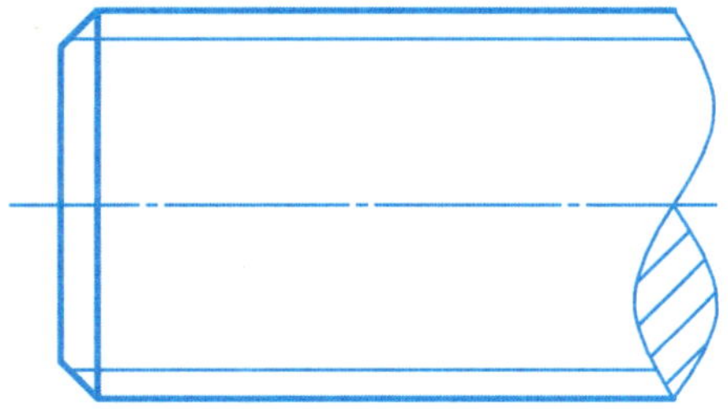

3. 根据标注的螺纹标记或代号，查表并填空说明螺纹的各要素：

(1)

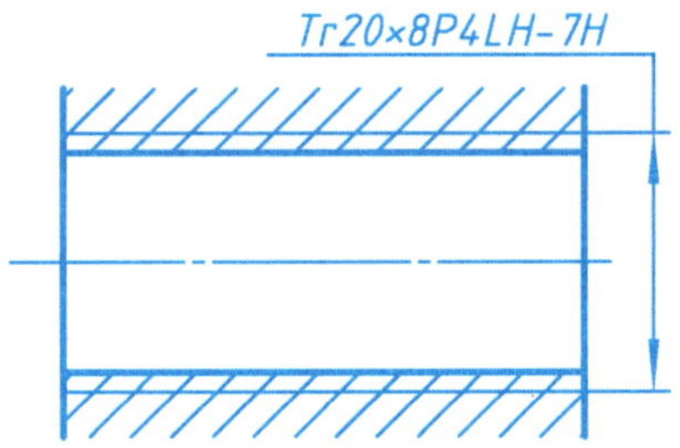

该螺纹为________螺纹；
公称直径________；
螺距________；
线数为________；
旋向为________；
螺纹公差带代号________。

(2)

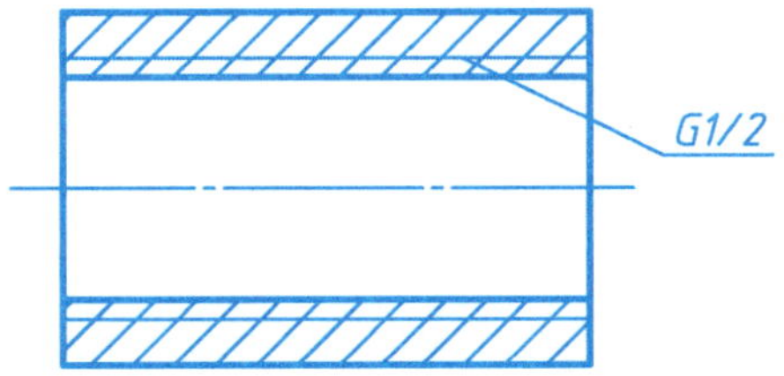

该螺纹为__________螺纹；
尺寸代号________；
大径为________；
小径为________；
螺距________。

1. 采用螺纹规定画法表示出零件上的螺纹，并补全移出断面*A-A*，零件右端外螺纹的长度为50mm。

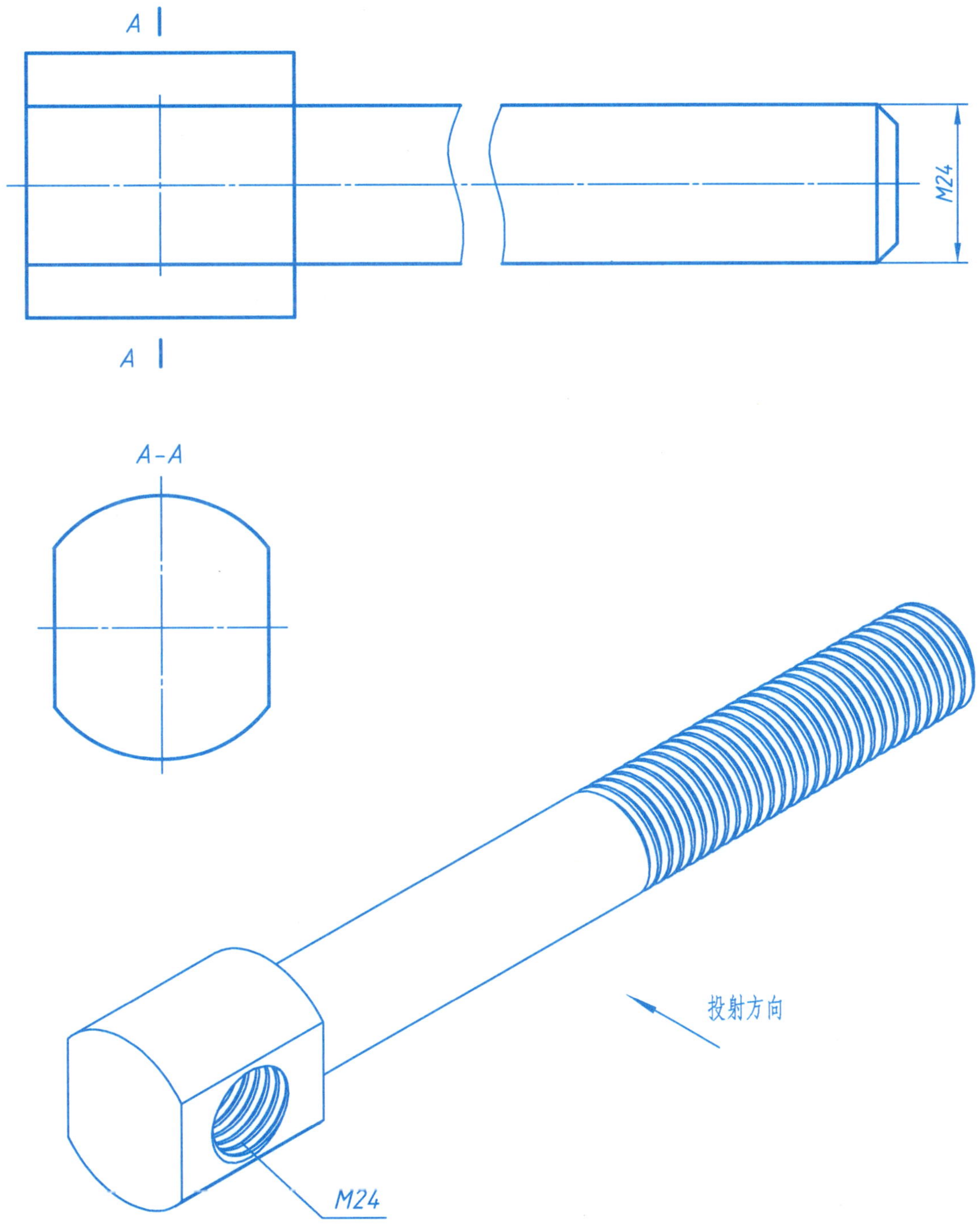

2. 在指定的位置将主视图画为全剖视图，螺纹尺寸见图中标注。

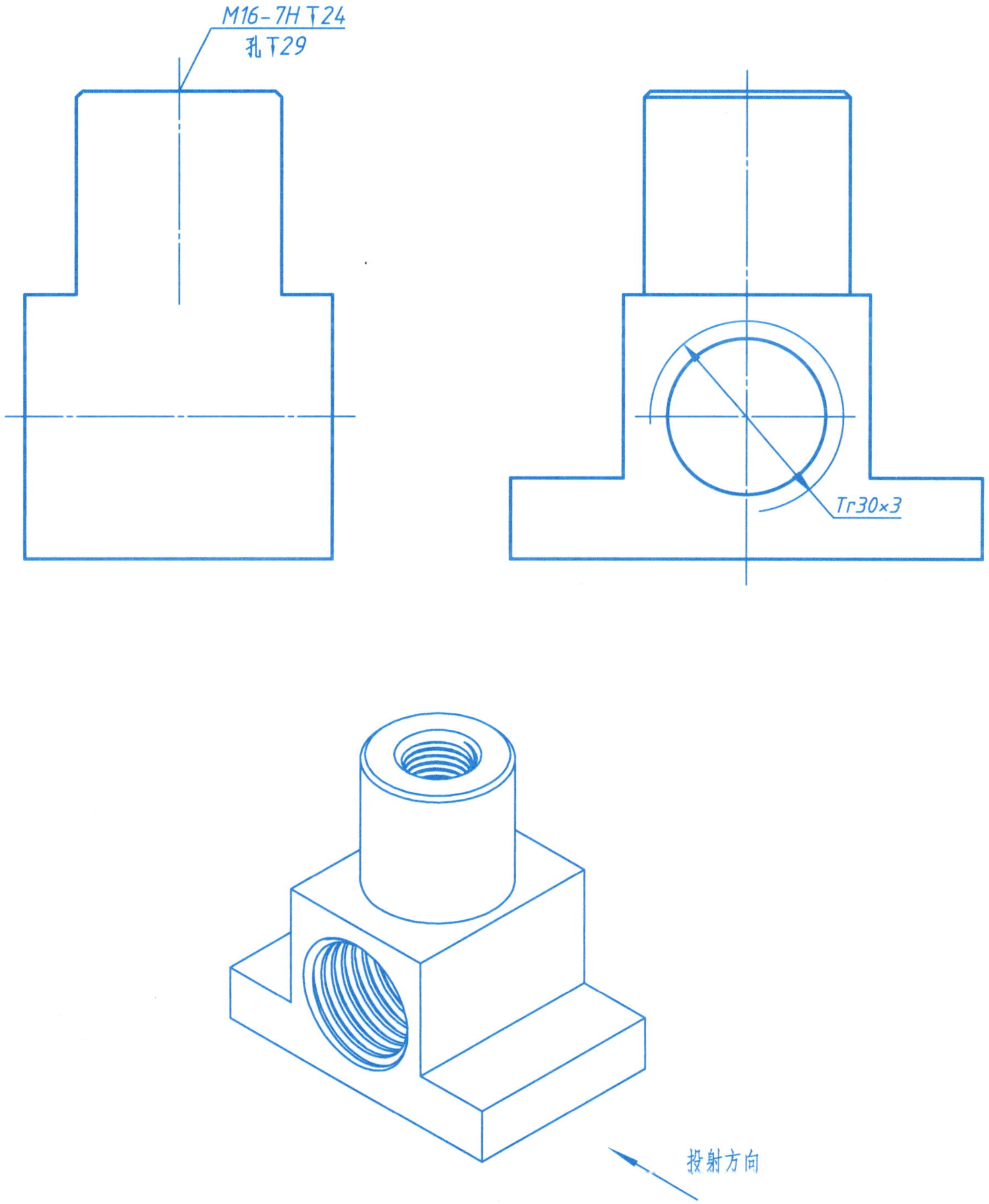

1. 已知螺栓连接中，被连接件厚度δ_1=22mm、δ_2=16mm。
螺栓 GB/T 5782 M16×l（l根据计算查表后取标准长度）
螺母 GB/T 6170 M16
垫圈 GB/T 97.1 16
采用比例画法，画出螺栓连接装配图（主视图画成全剖视图，左视图不剖）。在左视图下方写出螺栓、螺母和垫圈的标记。

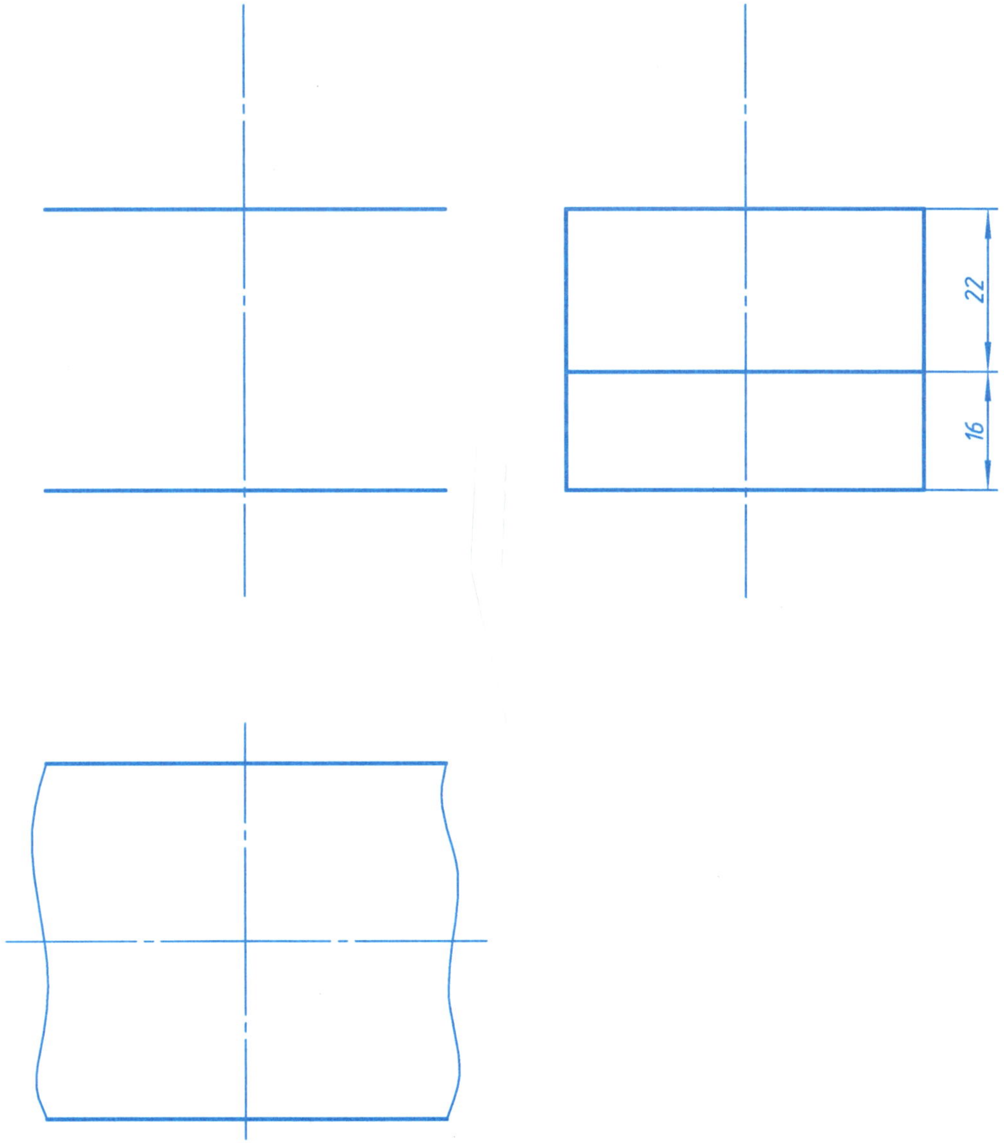

2. 双头螺柱连接的两个零件中，上面的零件厚度δ=20mm，下面零件的材料为铸铁。
螺柱 GB/T 898 M16×l（l根据计算查表后取标准长度）
螺母 GB/T 6170 M16
垫圈 GB/T 93 16
采用比例画法，画出螺柱连接装配图。

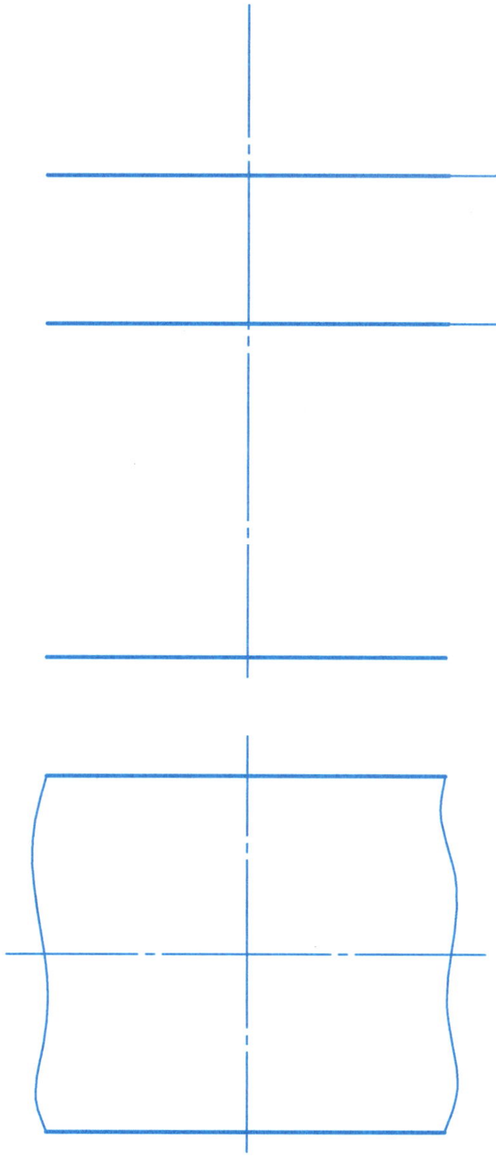

班级		姓名		学号		成绩		59

1. 普通平键及其连接。

（1）画出轴上键槽*A*-*A*处断面图，键槽深度4mm，并注全键槽的尺寸。

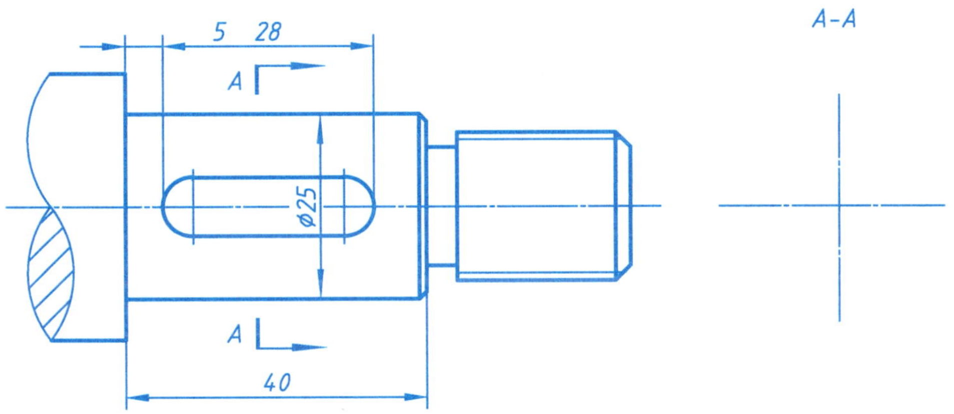

（2）补全带轮主视图，画出*A*向局部视图，并注全键槽的尺寸。

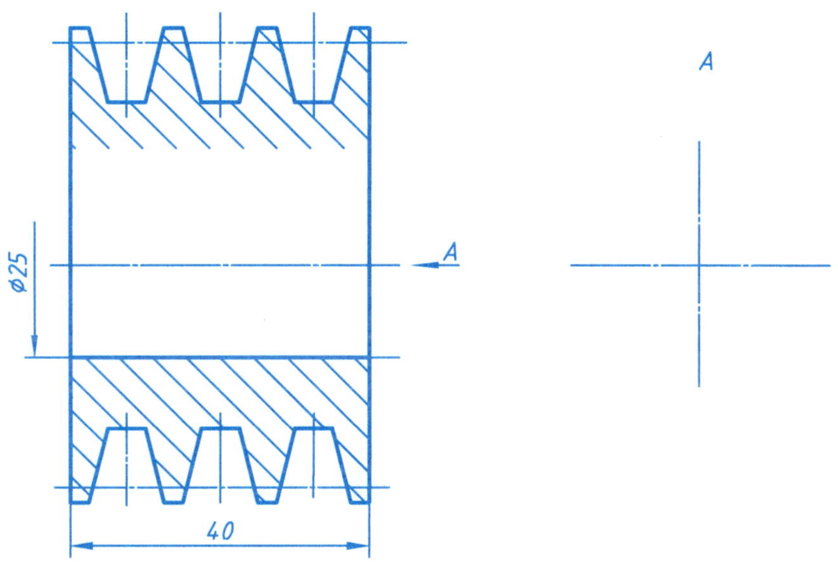

（3）用普通平键、螺母和垫圈，将（1）、（2）两图中的轴和带轮连接起来，画出连接的装配图，并写出键的规定标记。

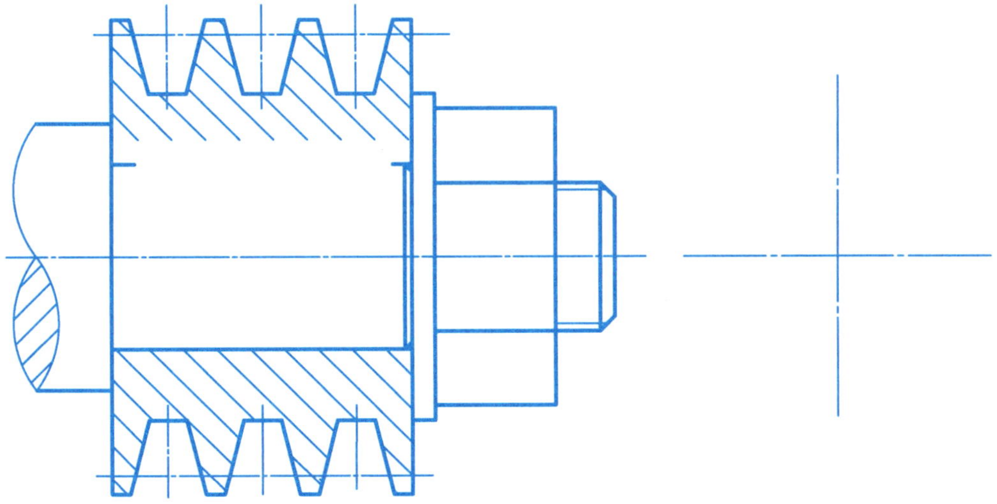

规定标记：____________

2. 销连接。

（1）选用适当长度的ø5圆锥销，画出销连接的装配图，并写出销的规定标记。

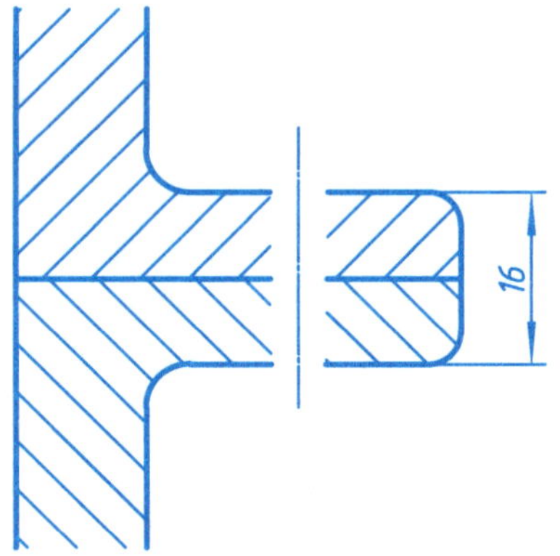

规定标记：____________

（2）选用适当长度ø6的圆锥销，画出销连接的装配图，并写出销的规定标记。

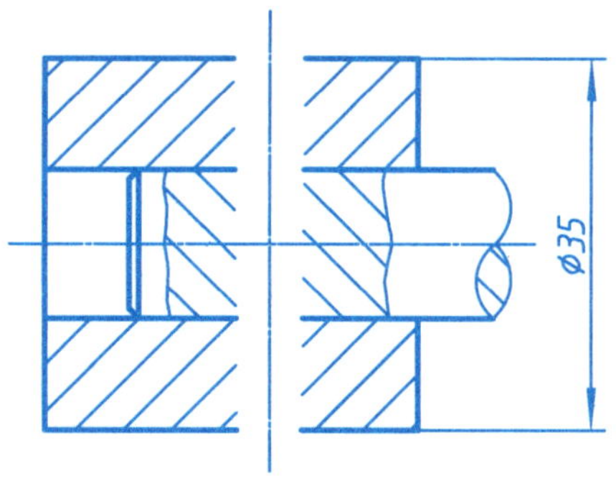

规定标记：____________

1. 已知一直齿圆柱齿轮模数m=3，齿数z=23，试计算分度圆直径d、齿顶圆直径d_a和齿根圆直径d_f，并按规定画法，画全齿轮的两个视图（主视图全剖），注全尺寸。

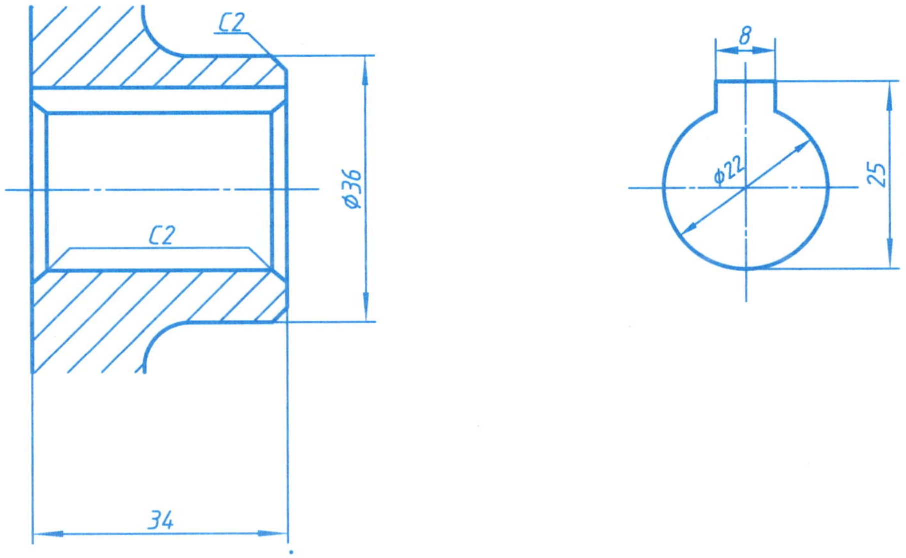

2. 已知阶梯轴支承处的直径为20，分别用规定画法和特征画法1∶1画出支承处的滚动轴承。

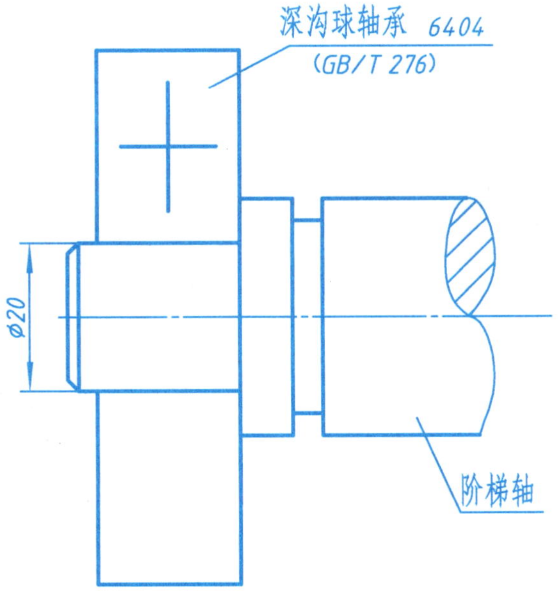

（1）规定画法

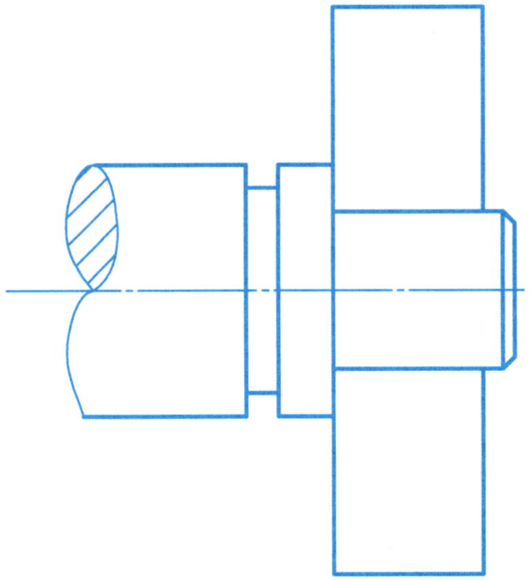

（2）特征画法

3. 已知一对平板直齿圆柱齿轮啮合，Z_1=18，Z_2=26，m=3，画全两齿轮啮合的两个视图，齿轮孔的端部倒角为$C2$。

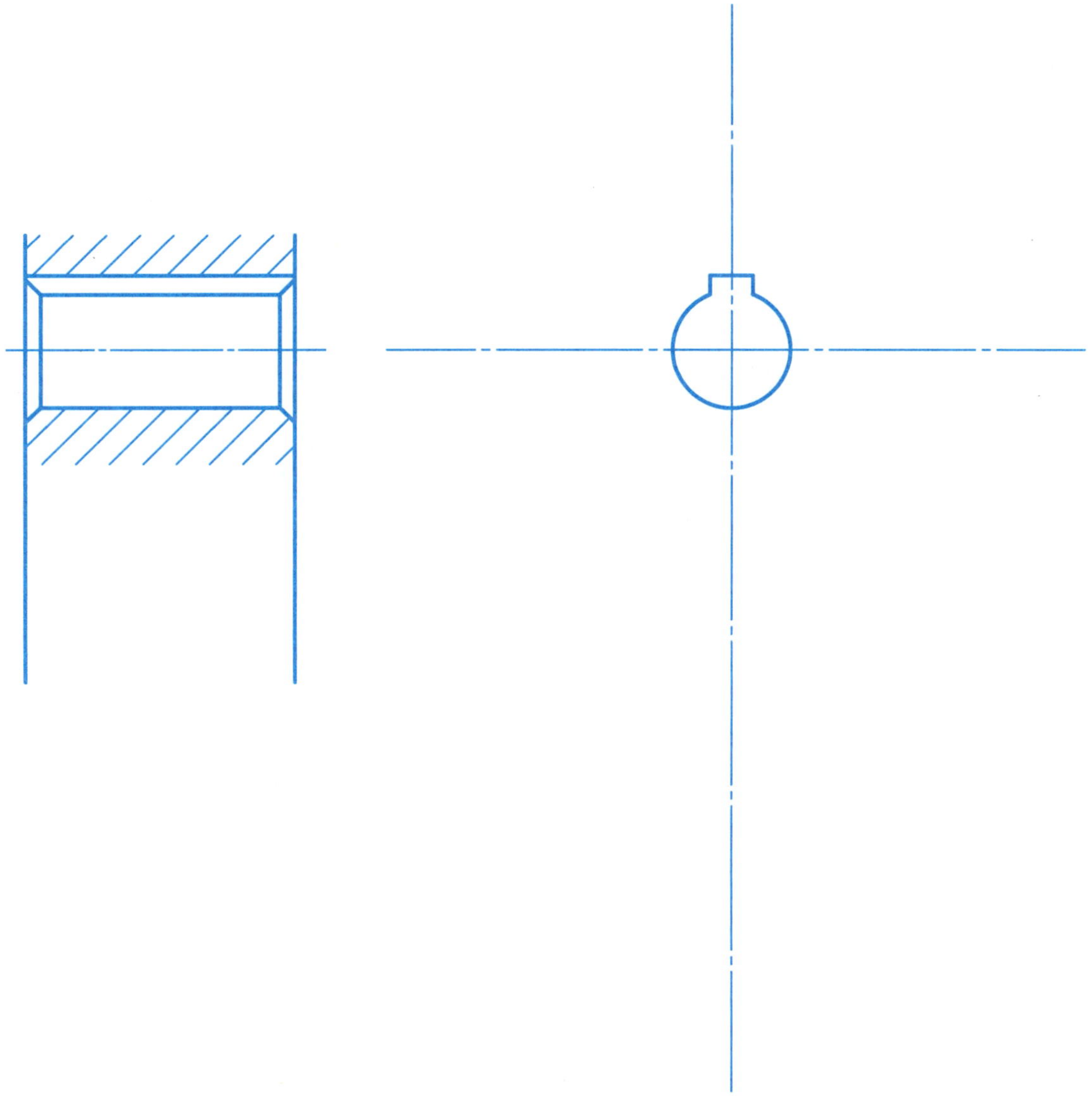

1. 根据给定的表面粗糙度值，在视图中标出相应的表面粗糙度代号。

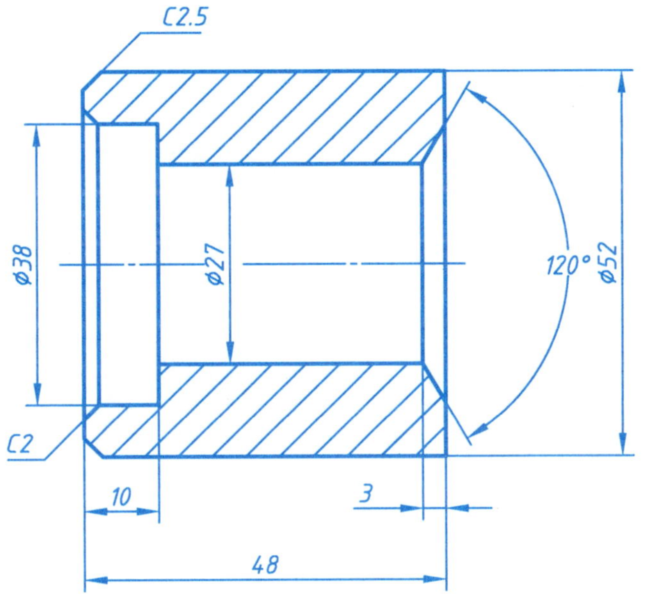

表面	表面粗糙度Ra数值
120° 锥面	6.3
ϕ38圆柱面	3.2
ϕ52圆柱面	1.6
ϕ27圆柱面	0.8
左端面	3.2
右端面	6.3
其余	12.5

2. 根据给定的表面粗糙度值和轴测图标注的平面，在视图对应的位置标出相应的表面粗糙度代号。

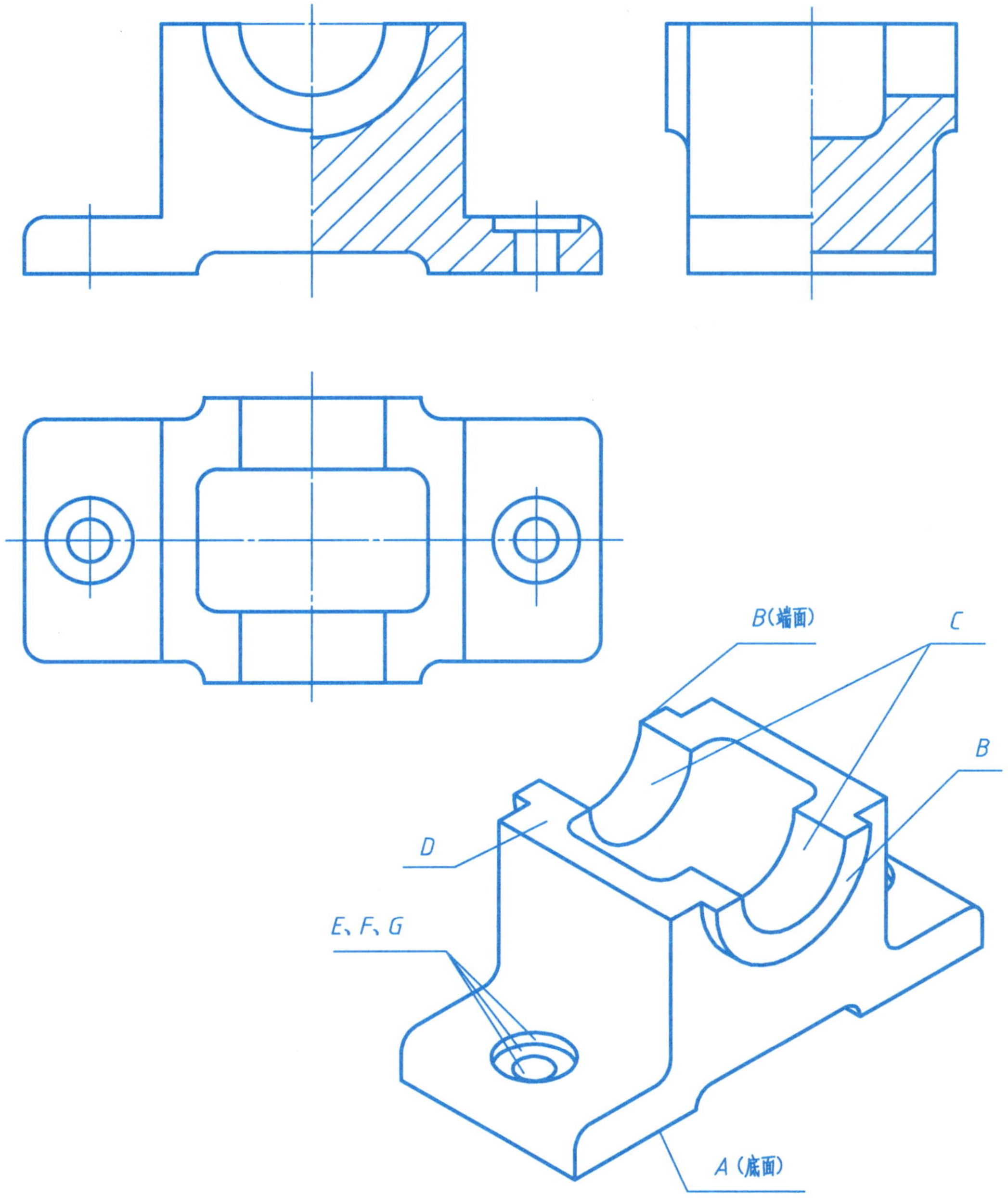

表面	A、B	C	D	E、F、G	其余
表面粗糙度	Ra 6.3	Ra 1.6	Ra 3.2	Ra 12.5	毛坯面

1. 填空解释图中配合代号的含义，并查出偏差值标注在零件图上。

(1) 齿轮和轴的配合尺寸$\phi 24\frac{H7}{k6}$:基 ___ 制配合，齿轮孔的基本偏差代号为 ___ ，公差等级为 ___ 级；轴的基本偏差代号为 ___ ，公差等级为 ___ 级；它们是 ___ 配合。

(2) 圆柱销和销孔的配合尺寸$\phi 10\frac{K7}{h6}$：基 ___ 制配合，销孔的基本偏差代号为 ___ ，公差等级为 ___ 级；销的基本偏差代号为 ___ ，公差等级为 ___ 级；它们是 ___ 配合。

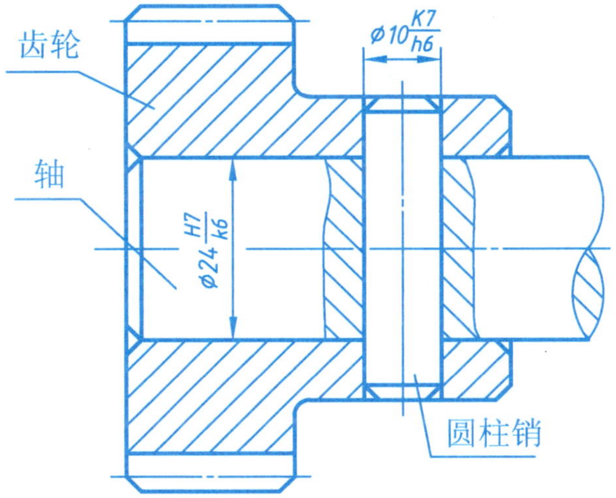

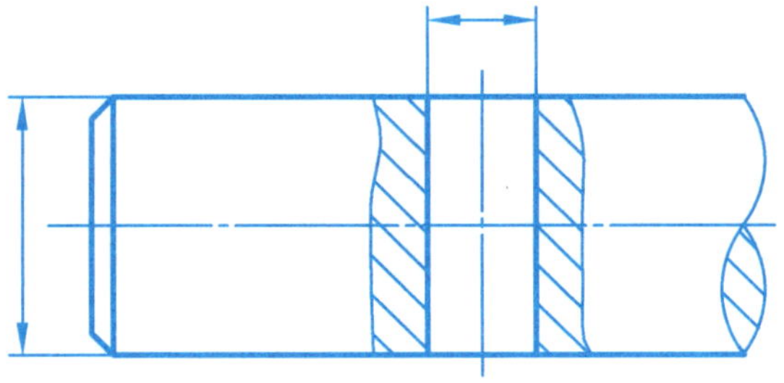

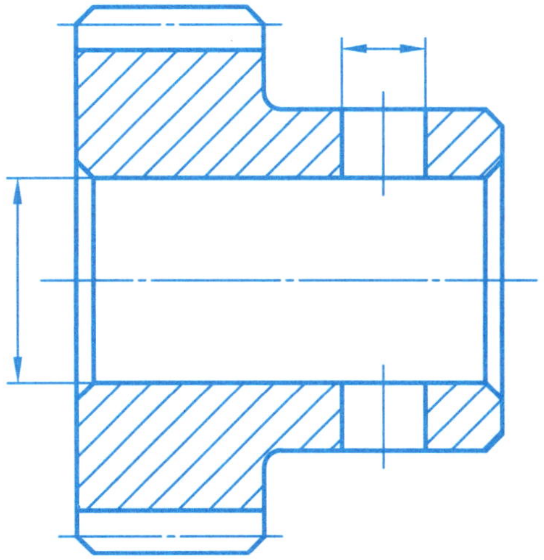

2. 某组件中零件间的配合尺寸如图所示，

(1) 试说明组件中配合尺寸$\phi 28\frac{H6}{r5}$的含义：

(a) "$\phi 28$" 表示 ________________；

(b) "r" 表示 ________________；

(c) 此配合是 _____ 制 _____ 配合；

(d) "5" 和 "6" 表示 ________________。

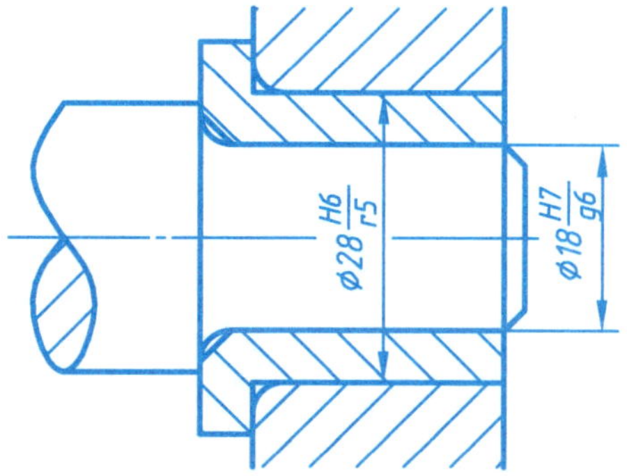

(2) 根据装配图中所注的配合尺寸，查表分别在相应的零件图上注出基本尺寸和极限偏差数值。

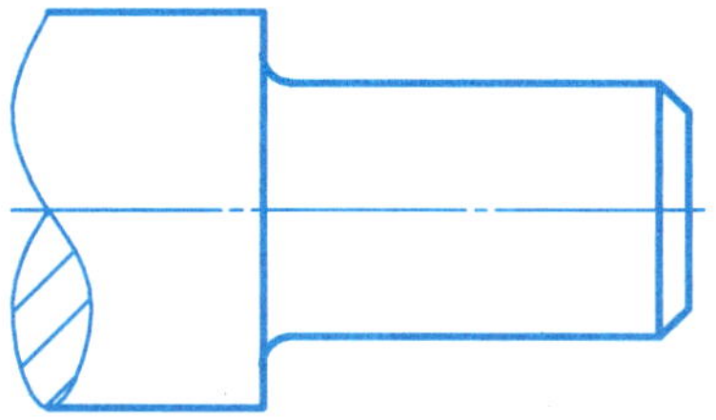

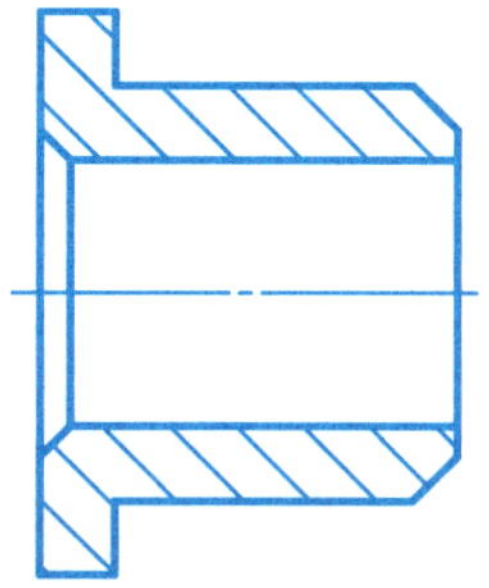

(3) 算出配合尺寸$\phi 28\frac{H6}{r5}$中最大、最小极限尺寸。

孔：最大极限尺寸为__________；　轴：最大极限尺寸为__________；

最小极限尺寸为__________；　最小极限尺寸为__________。

读轴零件图，并回答问题。

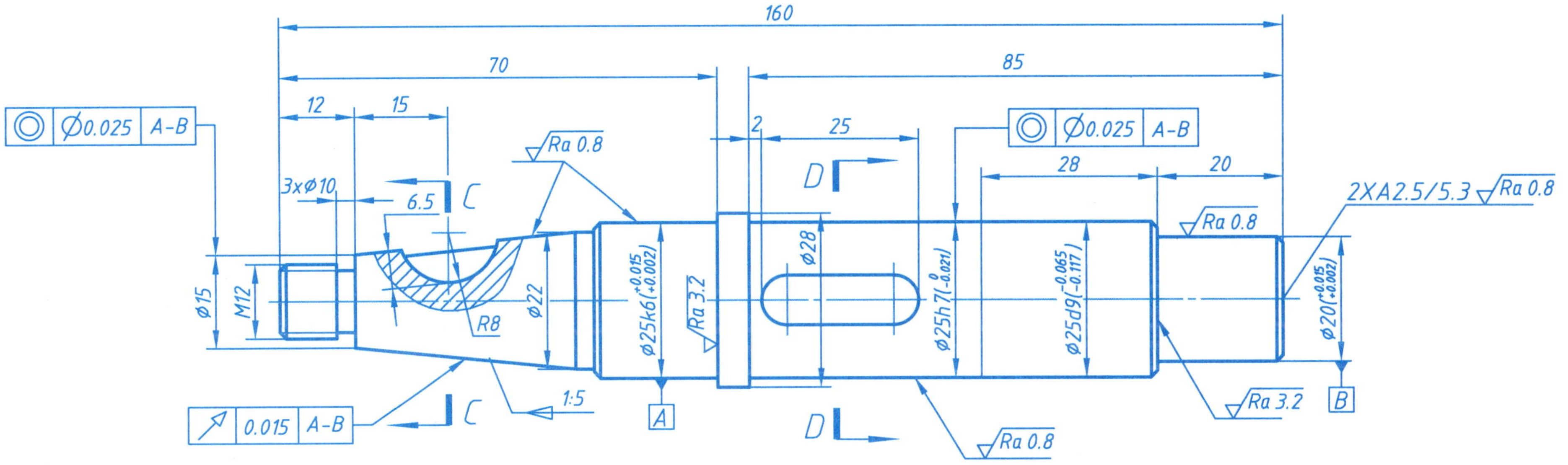

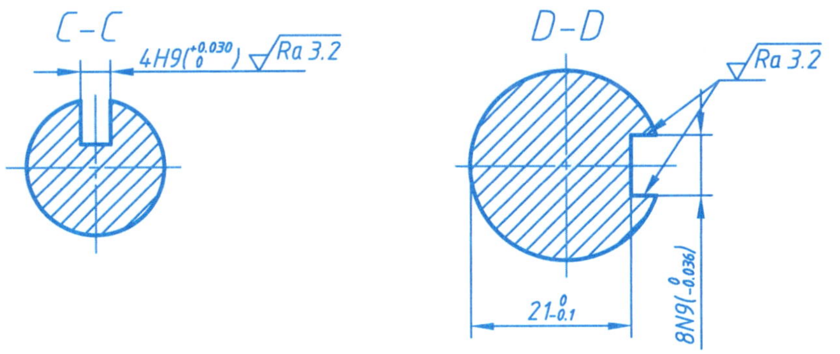

技术要求

1. 调质处理250～280HBW；
2. 未注倒角C1；
3. 表面发黑处理。

√Ra 6.3 (√)

（1）该零件的名称是________，材料为______，属于_______类零件。

（2）该零件共用了____个图形来表达，其中主视图采用了___________画法；还采用了两个______________图表达轴上的键槽结构。

（3）零件的总长是_____；*D-D*键槽长_____，宽_____，轴向定位尺寸为_____。

（4）主视图左侧螺纹尺寸M12，其中M代表__________，12为__________。

（5） 25k6 ($^{+0.015}_{+0.002}$) 表示轴的基本尺寸为_______，基本偏差代号为______，公差等级为_______，上极限尺寸为_______，下极限尺寸为_______。

（6）主视图右侧 20圆柱面的表面粗糙度值为_________。

传动轴		比例	1:1	
		材料	40Cr	
设计		重量		共　张　第　张
审核		设计单位		
批准				

读空心轴零件图，并回答问题。

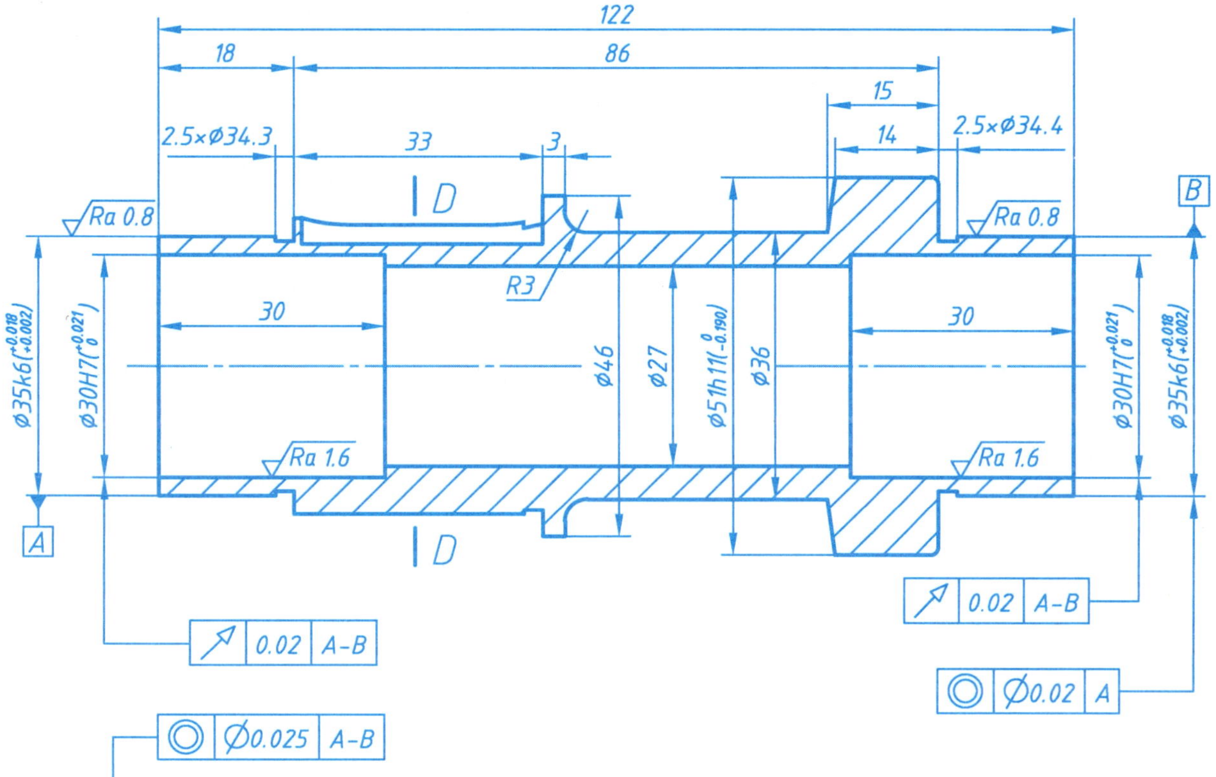

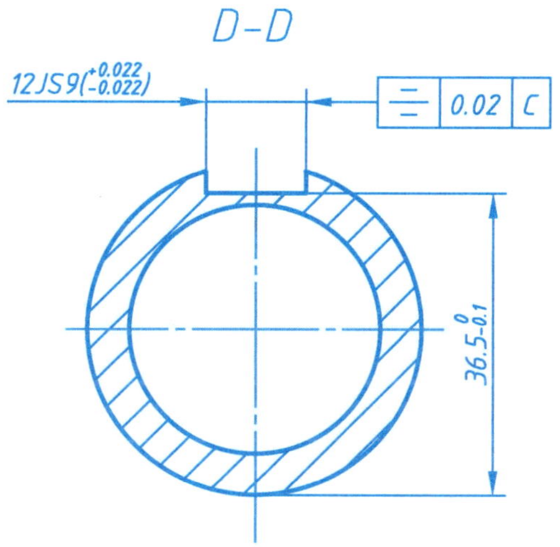

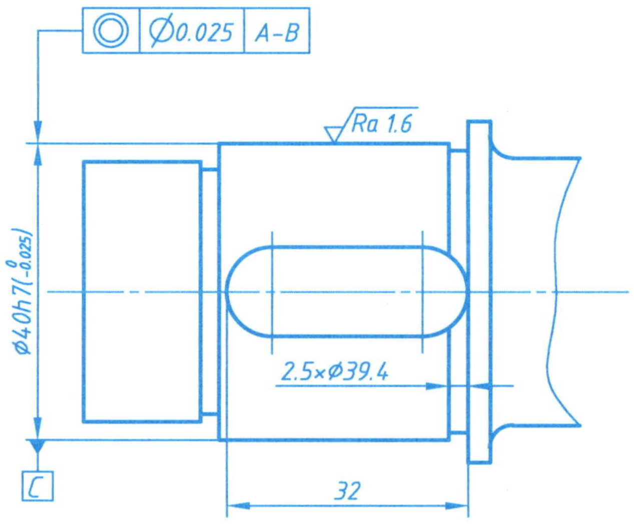

技术要求
1. 调质处理220～240HBW;
2. 棱角倒钝;
3. 未注倒角C1。

Ra 3.2 (√)

（1）空心轴零件图采用了___个图形来表达，主视图为________视图，俯视图为__________视图，D-D为__________图。

（2）表面粗糙度代号 Ra 1.6 的含义为______________________________，______________________________。

（3）空心轴总长为______，轴的外部最小直径为_____，最大直径为_____。

（4）键槽长为______、宽为______。

（5）$\phi30H7(^{+0.021}_{0})$表示孔的基本尺寸为_____，基本偏差为_____，公差等级为_____，上极限尺寸为______，下极限尺寸为_____。

空心轴		比例	1:1	
		材料	40Cr	
设计		重量		共 张 第 张
审核		设计单位		
批准				

读中心架盖零件图，并回答问题。

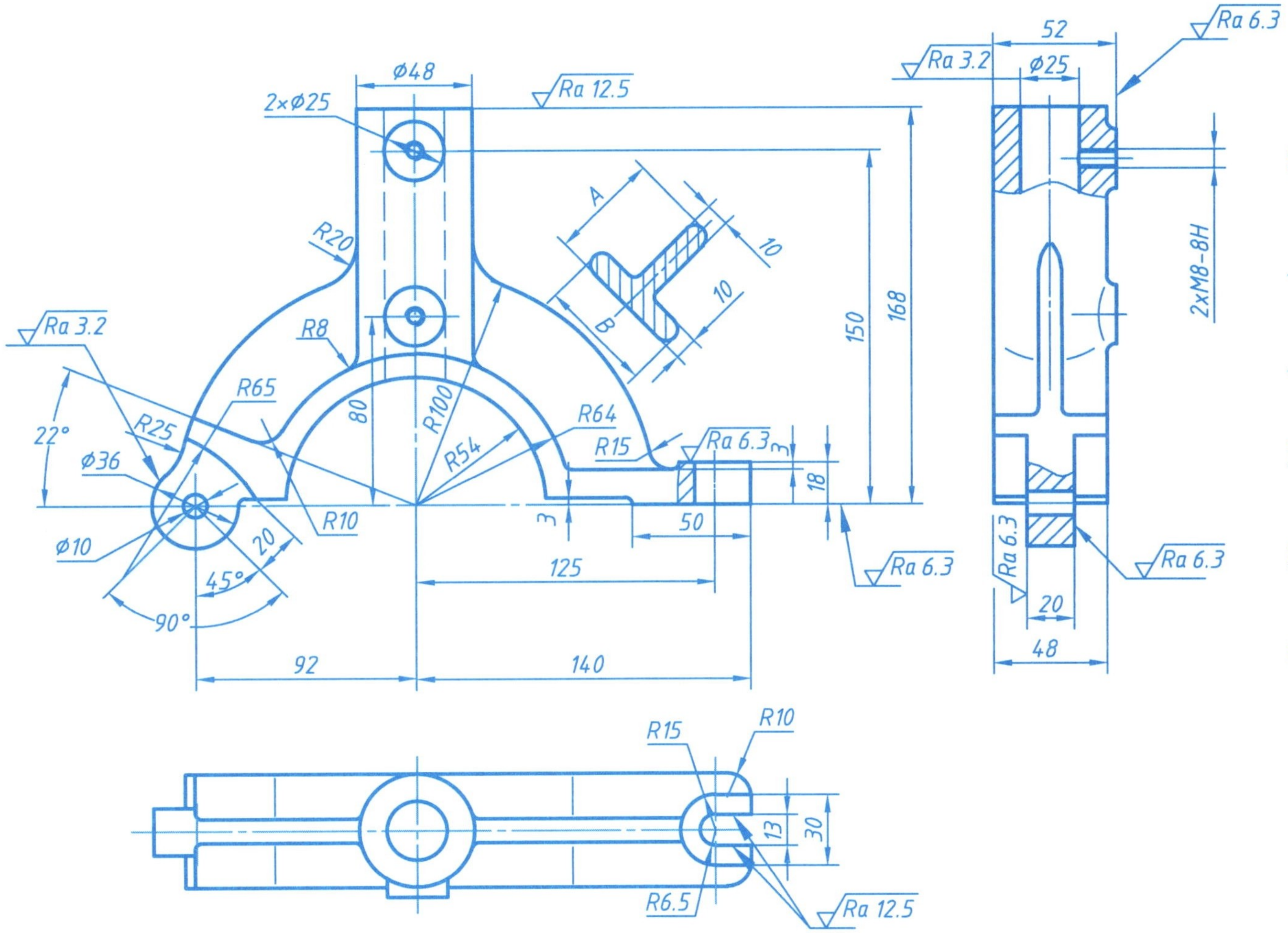

（1）该零件的名称是____________，绘图的比例为______，材料是_________。

（2）该零件一共用了_____个图形表达，左视图有______处________剖视图。

（3）在移出断面图中，尺寸A和尺寸B分别为_______、___________。

（4）该零件总宽为_____，右侧底板U形槽的定位尺寸和定形尺寸分别为______、______和______。

（5）主视图两个螺纹孔的定位尺寸是________、________，定形尺寸是__________，两个螺孔之间的距离为________。

（6）ϕ25孔的表面粗糙度为_______，ϕ25凸台的前端面表面粗糙度为______。

（7）该零件图上表面粗糙度精度要求的最小值是________。

技术要求

未注圆角为$R3 \sim R5$。

√(√)

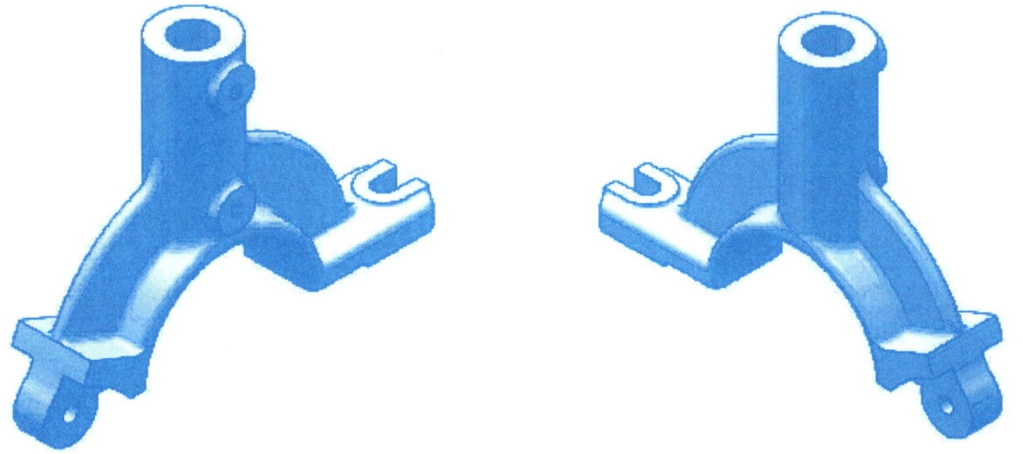

中心架盖		比例	1:3		
		材料	HT150		
设计		重量		共 张 第 张	
审核		设计单位			
批准					

读支架零件图，并回答问题。

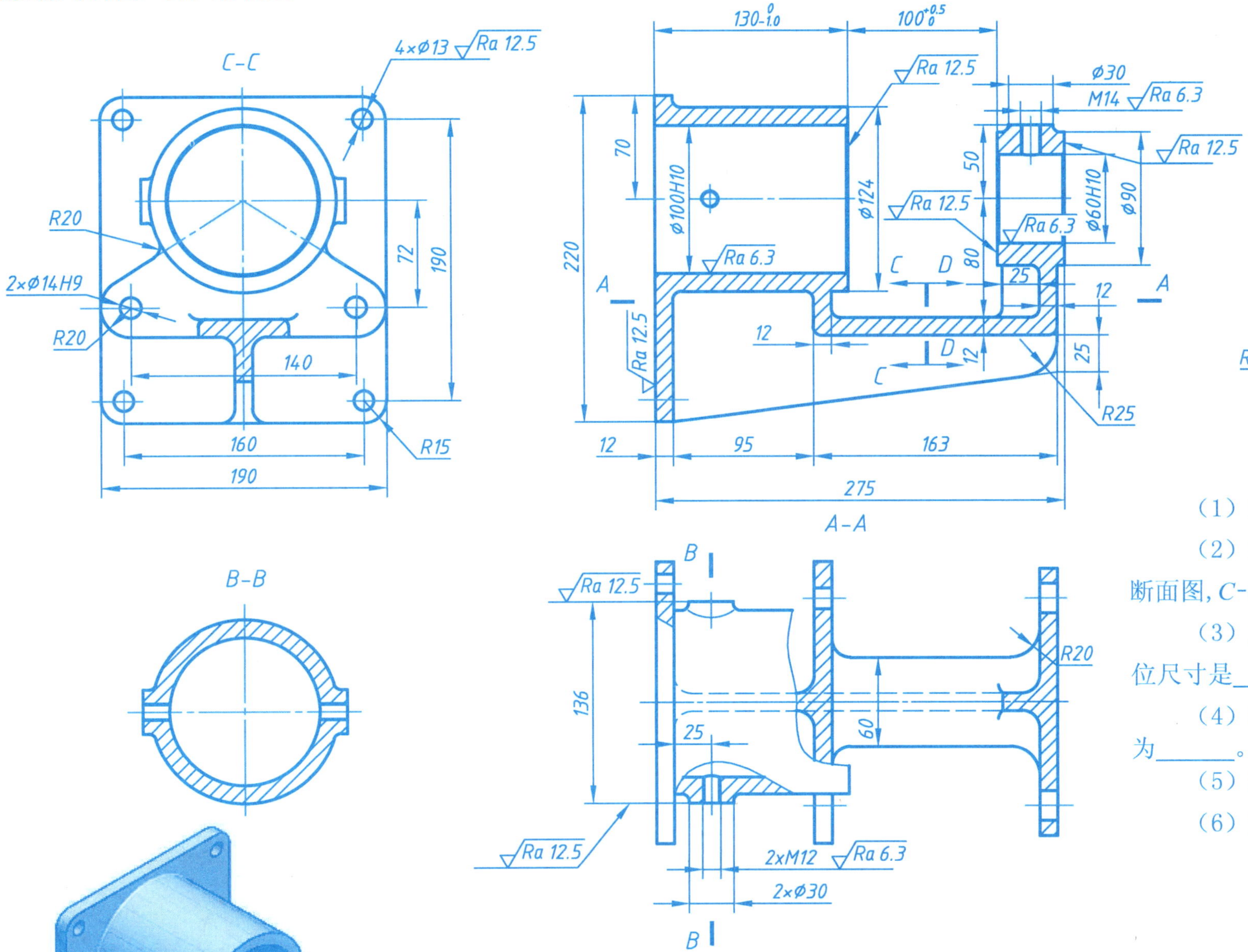

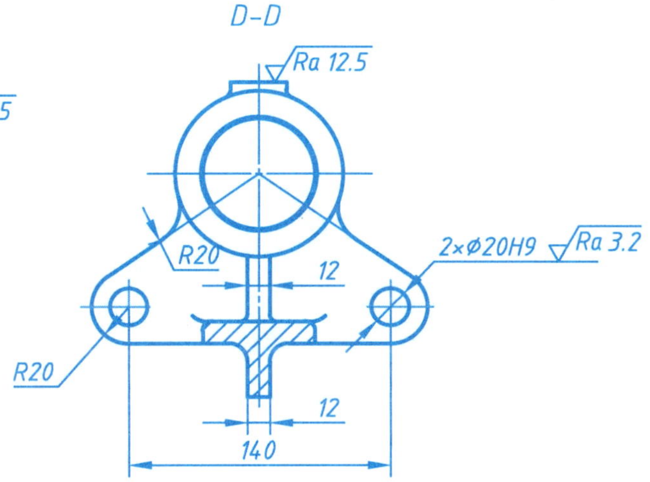

（1）支架一共用了___个图形表达。

（2）主视图为_____剖视图，俯视图为_____剖视图，*B*-*B*是_____断面图，*C*-*C*是________剖视图，*D*-*D*是_______剖视图。

（3）支架左端板上孔的宽度方向定位尺寸是_____，高度方向定位尺寸是______。

（4）2×ϕ14H9孔的宽度方向定位尺寸为____，高度方向定位尺寸为______。

（5）肋板有____块，厚度是____。

（6）支架的总体尺寸，总长是____，总宽是____，总高是____。

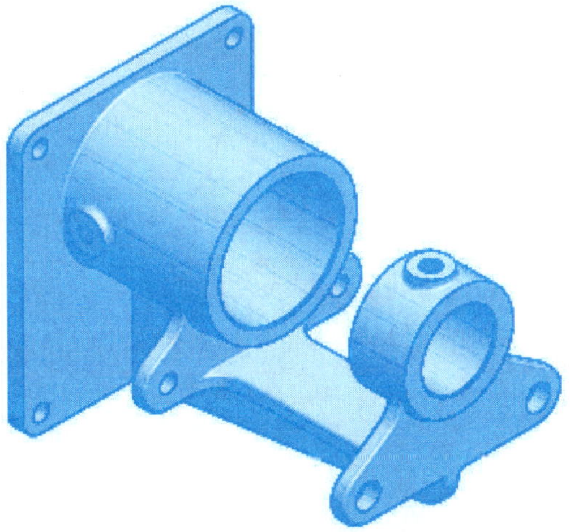

技术要求

1. 未标注圆角为*R*3～*R*5；
2. 未注倒角*C*1。

支架			比例	1:4	
			材料	HT200	
设计			重量		共 张 第 张
审核			设计单位		
批准					

读端盖零件图，并回答问题。

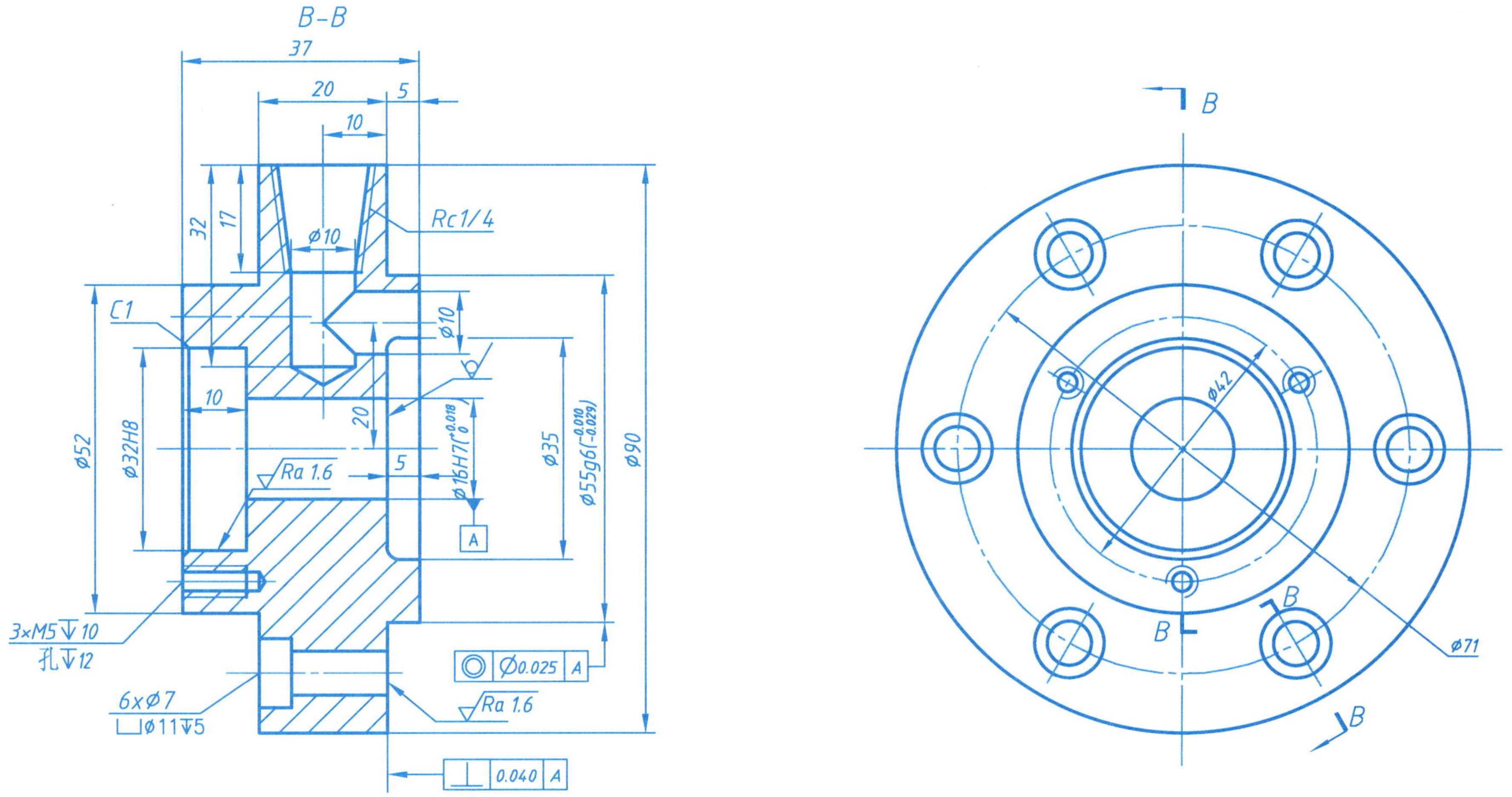

(1) 表达该零件结构用了______视图与________视图，*B*-*B*为________全剖视图。

(2) 左视图中，从大到小共有5个实线的同心圆，其直径分别为______、______、______、______、______。

(3) 在图上用文字和指引线标出轴向尺寸与径向尺寸的基准，3×*M*5螺纹孔的定位尺寸是__________。

(4) "ϕ16H7"表示孔的基本偏差代号为_______，公差等级为________。

(5) 3×M5↧10 / 孔↧12 表示______________________________________。

6×ϕ7 / ⌴ϕ11↧5 表示____________________________________。

(6) 图中粗糙度要求最低的表面是________________，其表面粗糙度为__________。

Ra 6.3 (√)

端盖		比例	1:1	
		材料	HT150	
设计		重量		共 张 第 张
审核		设计单位		
批准				

班级		姓名		学号		成绩		68

读阀体零件图，并回答问题。

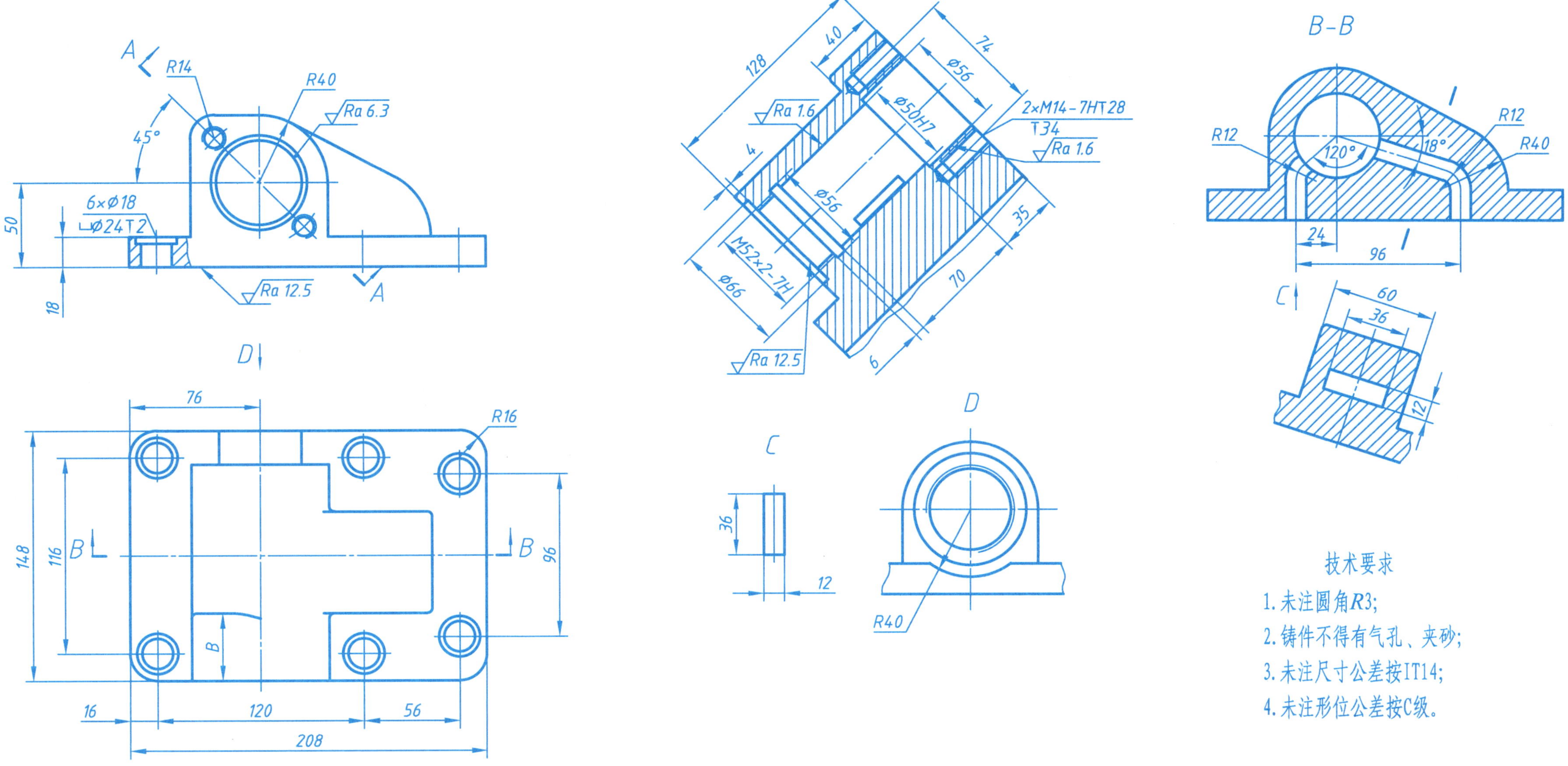

（1）表达该零件共用了______个基本视图，图B-B为________视图，C为________视图。

（2）该零件共有_____个螺孔，其中M52×2-7H代表__________螺纹，螺纹的螺距为______mm，螺纹的旋向为___________。

（3）零件的总长、总宽和总高分别为________mm、________mm和________mm。

（4）俯视图上的尺寸A=________mm、B=________mm。

（5）主视图上的两个螺孔，其定形尺寸为_________________，定位尺寸为________________。

（6）图A A中，ϕ50孔的内表面粗糙度值为 ________ μm。

（7）该零件的材料为__________。

阀体			比例	1:3	
			材料	HT150	
设计			重量		共　张　第　张
审核			设计单位		
批准					

根据给出的轴的轴测图，画出轴的零件图，表面粗糙度要求自定。

制图作业——轴类零件图

一、目的、内容与要求

1. 目的：通过运用机件的常用表达方法，对右图所示轴类零件进行零件表达，加深对零件图包含内容的理解。同时，对于机件的表达方法也起到了进一步的巩固作用。

2. 内容：根据轴测图画出零件图表达方案，并注写全部内容。

3. 要求：布图合理，图形正确，线型规范，字体工整，尺寸标注正确、完整、清晰，图面整洁。

二、图名、图幅和比例

1. 图名：轴类零件图。

2. 图纸幅面：A4 图纸。

3. 比例：1∶1。

三、绘图步骤

1. 对所要绘制的机件进行形体分析，选择合理的主视图方向，根据机件结构确定表达方案，并按照尺寸布置视图的位置，画出中心线、主要的轴线和重要的边线。

2. 用细线逐步画出机件的表达方案。

3. 检查无误，加深。

4. 注写零件图全部内容。

四、注意事项

零件名称：轴，材料：45。

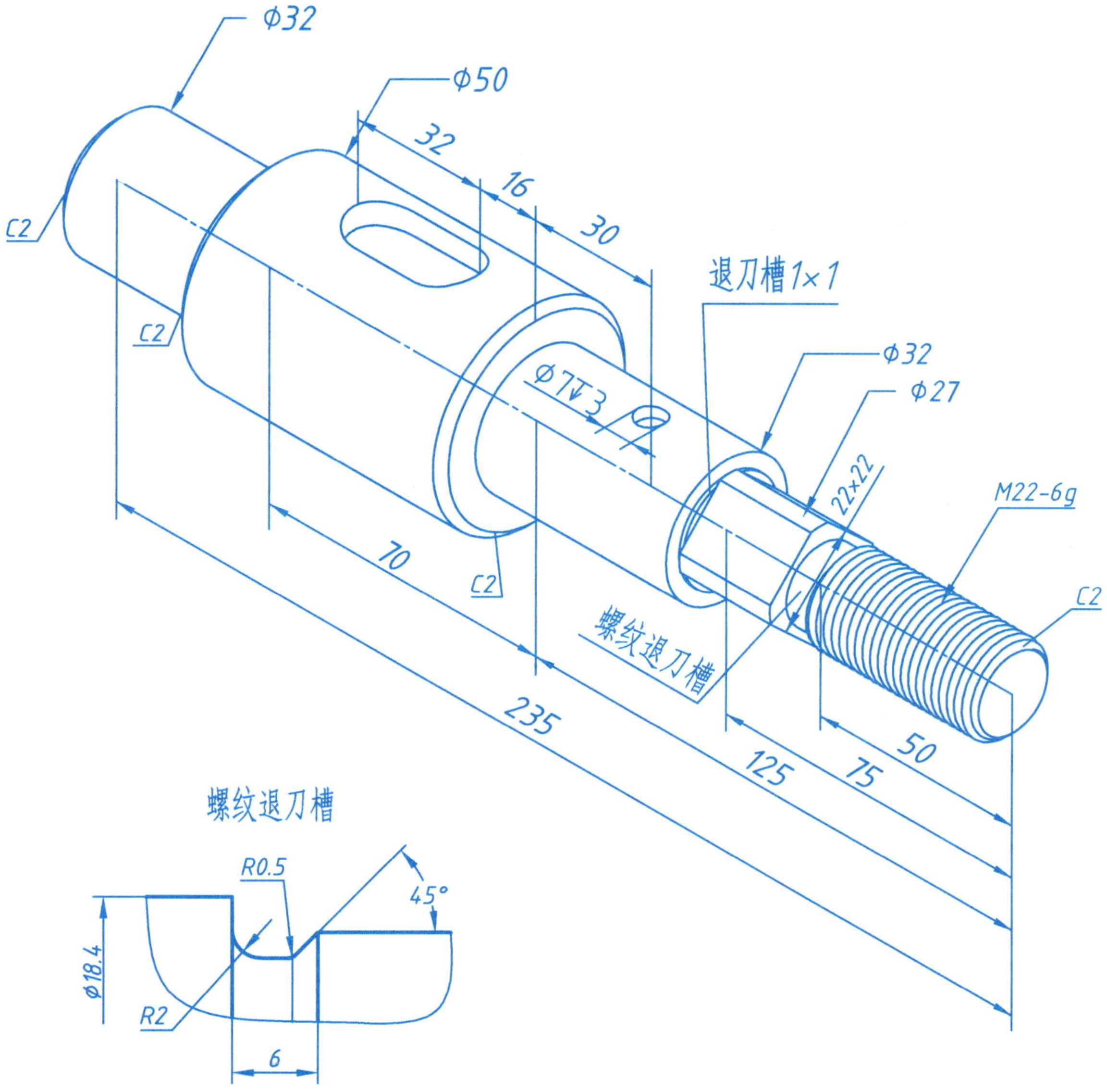

根据给出的轴测图，绘制零件图。

绘图要求：

1. 图纸幅面A3，比例自定；
2. 表达清楚，尺寸完整，符合国标要求；
3. 技术要求按国标要求标注。

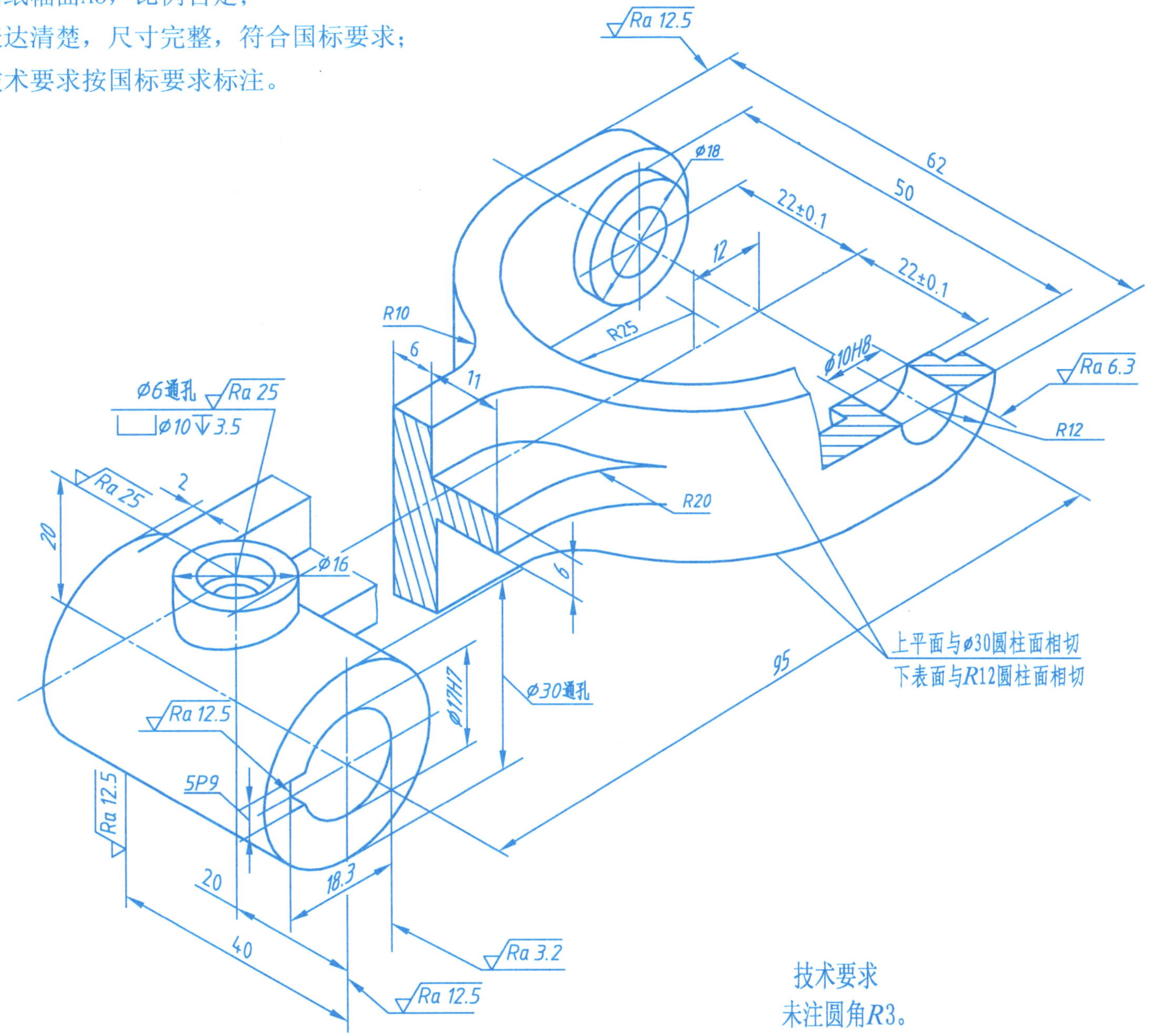

技术要求

未注圆角R3。

名称：移动叉

材料：HT150

√ (√)

根据给出的轴测图，绘制零件图。

绘图要求：

1. 图纸幅面A3，比例自定；
2. 表达清楚，尺寸完整，符合国标要求；
3. 技术要求按国标要求标注。

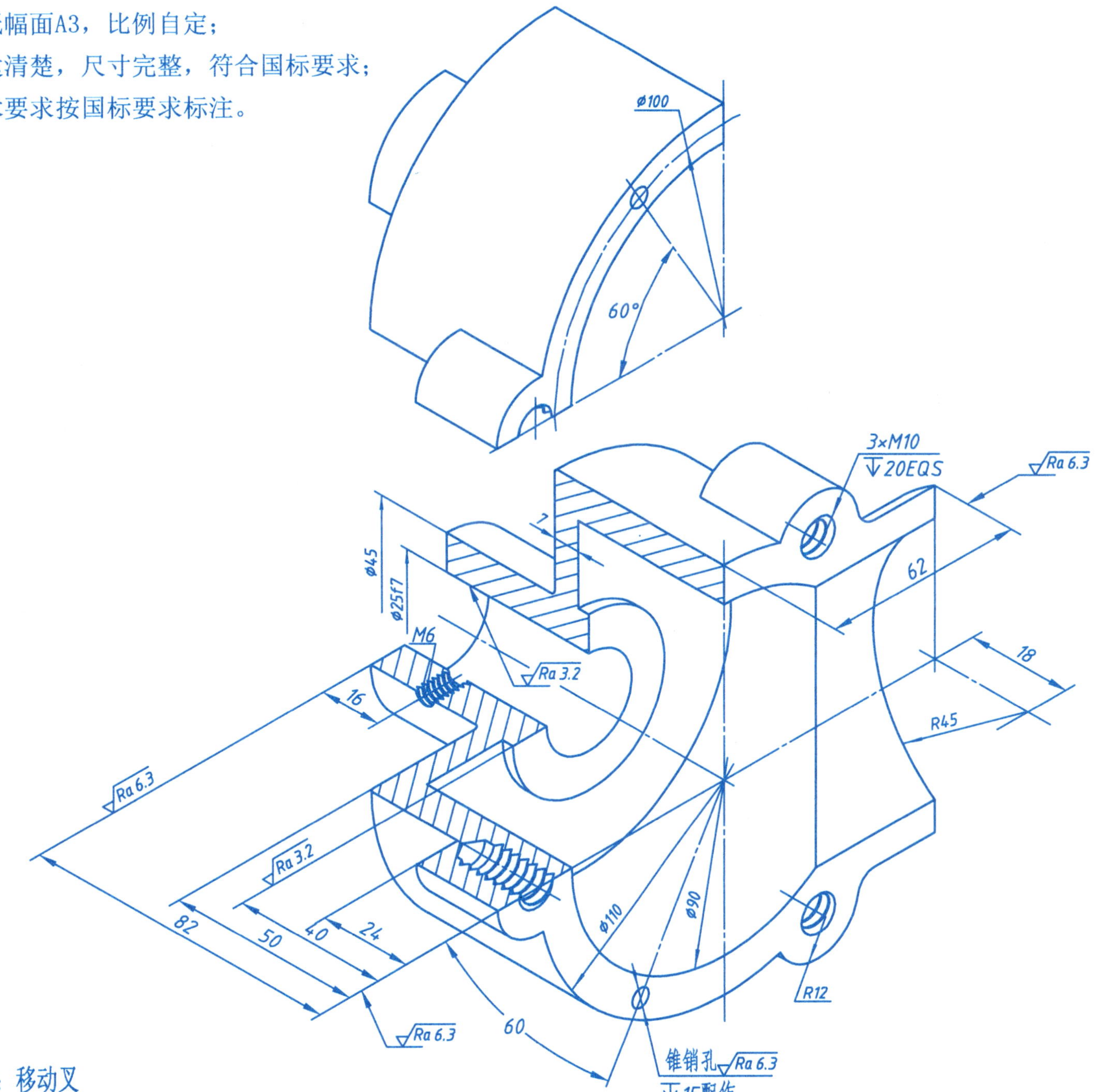

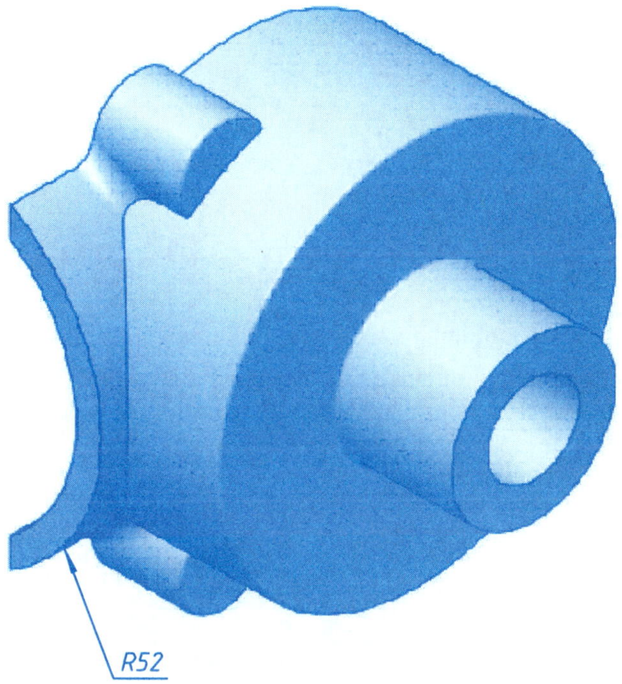

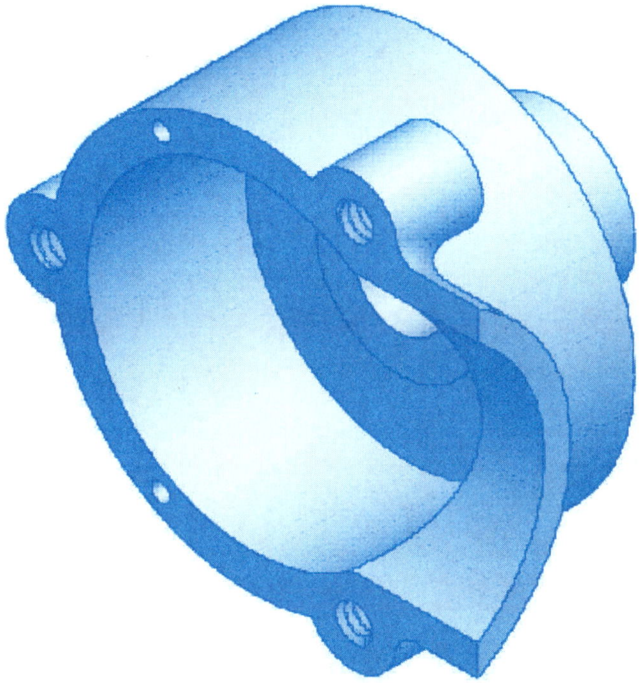

名称：移动叉

材料：HT150

读120° 钻孔模装配图，并回答问题。

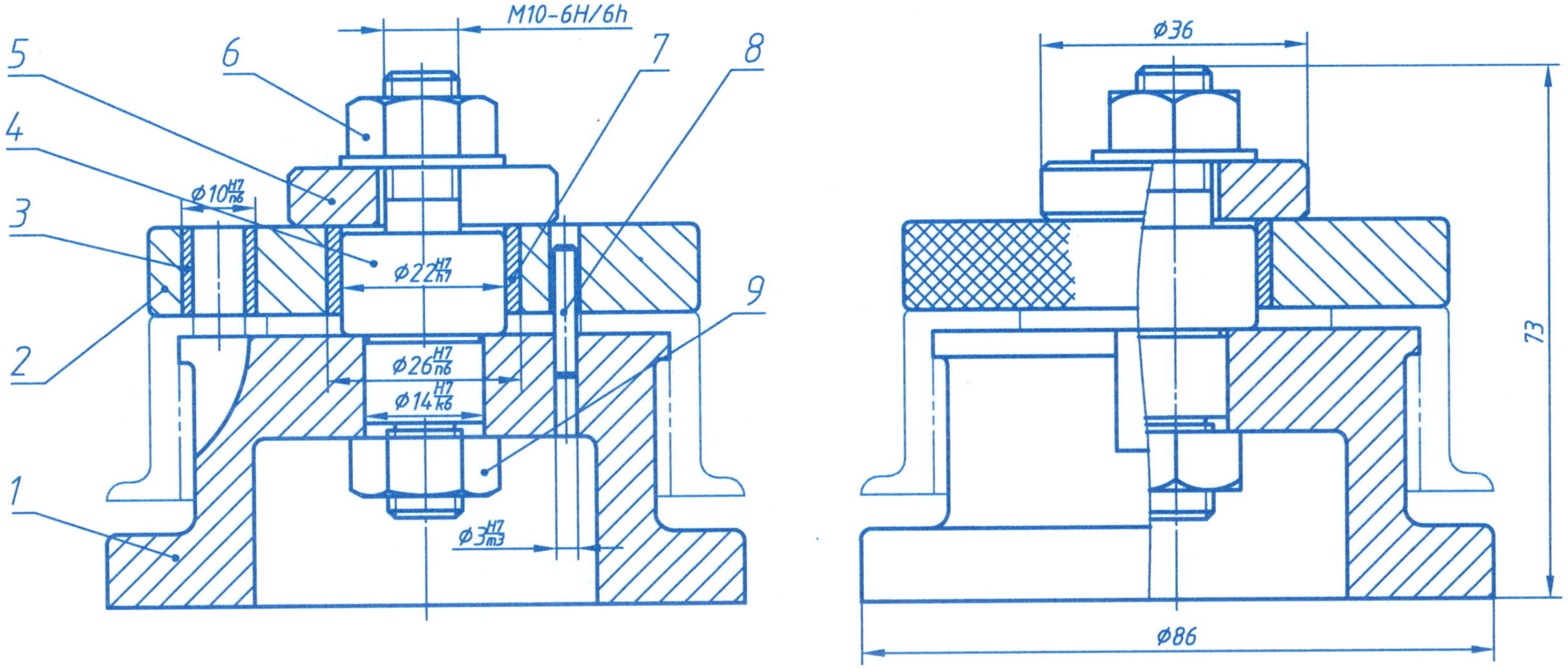

（1）120° 钻孔模装配体由________种共_____个零件组成，其中______个是标准件。

（2）该装配体用了_____个视图，其中左视图采用了______剖视。

（3）配合尺寸标有φ10H7/n6的钻套孔共有___个，该孔的定位尺寸是__________ 。

（4）装配体的总体尺寸为_______ 、_______ 和_______。

（5）取下工件时需要先旋松零件______，再取零件_____和零件_____。

（6）φ14H7/k6是件______和件_____的配合尺寸，它属于__________制的________配合，H7表示_____的公差带代号，k7表示_____的公差带代号。

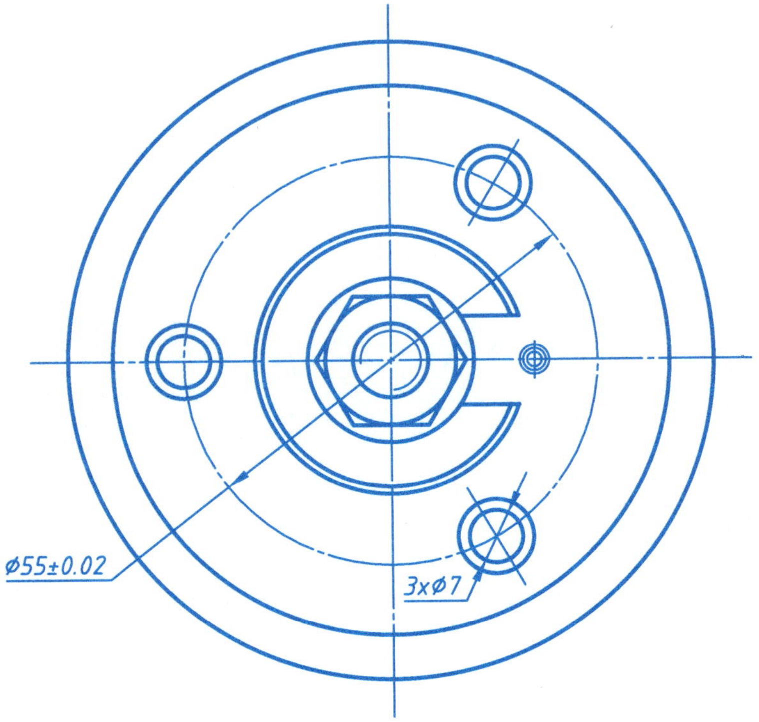

序号	代　号	名称	数量	材料	单件重量	总计重量	备注
9	GB/T 41—2016	六角螺母	1	35			
8	GB/T 119.1—2000	圆柱销A3×28	1	35			
7		衬套	1	35			
6		特制螺母	1	35			
5		开口垫圈	1	40			
4		轴	1	40			
3		钻套	3	T8			
2		钻模板	1	40			
1		底座	1	HT150			

120° 钻孔模			比例	1:1	
			材料		
设计			重量		共　张　第　张
审核			设计单位		
批准					

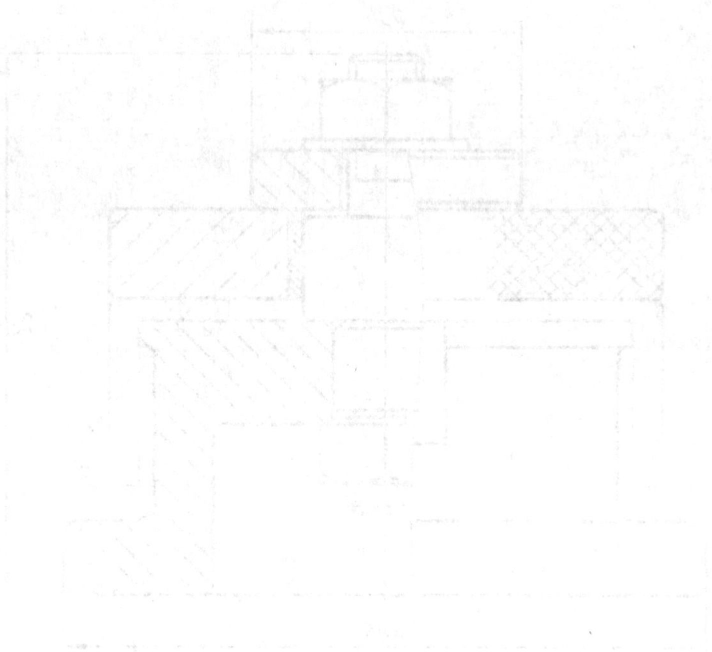

一、文字填空（共10题，计13分）

1. 图中（　　　　　　　　　　　）的线性尺寸之比，称为比例。(1分)
2. 绘制图样时，国标规定图纸的基本幅面有五种，其中A0号图纸最大，（　　）号图纸最小。（1分）
3. 正垂线的水平和（　　　　　）投影都反映线段的实长。（1分）
4. 组合体的组合方式有2种，分别为（　　　　　）、（　　　　　）。（2分）
5. 移出断面的轮廓线用（　　　　　）绘制。（1分）
6. 在半剖视图中，剖与不剖的分界线为（　　　　　　　）。（1分）
7. 管螺纹标注时，指引线一般指在螺纹的（　　　　　）上。（1分）
8. 粗牙普通螺纹和细牙普通螺纹的区别是（　　）相同，而（　　）不同。（2分）
9. 零件图标注尺寸应做到(　　　　　　　　　　　　　　)。（1分）
10. 两个相邻零件的接触表面和配合面，规定只画（　　）条线，但当相邻两零件的基本尺寸不同时，即使间隙很小，也必须画出（　　）条线。（2分）

二、图形选择（共2题，计4分）

1. 选择正确的左视图。(2分)

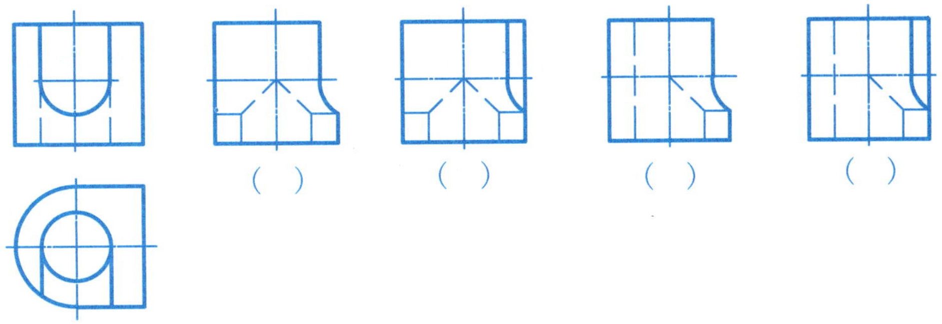

2. 选择正确的左视图。（2分）

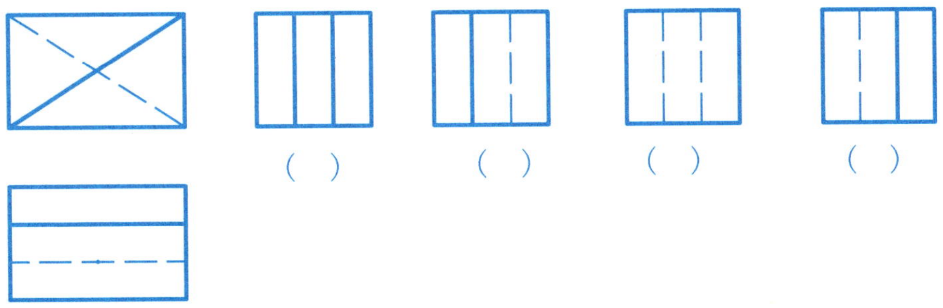

三、补漏线（共2题，计10分）

1. 补画视图中的漏线。(5分)

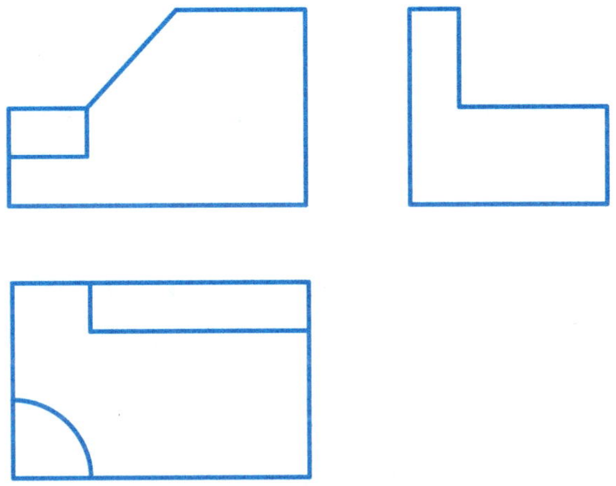

2. 补画半剖视图中的漏线。(5分)

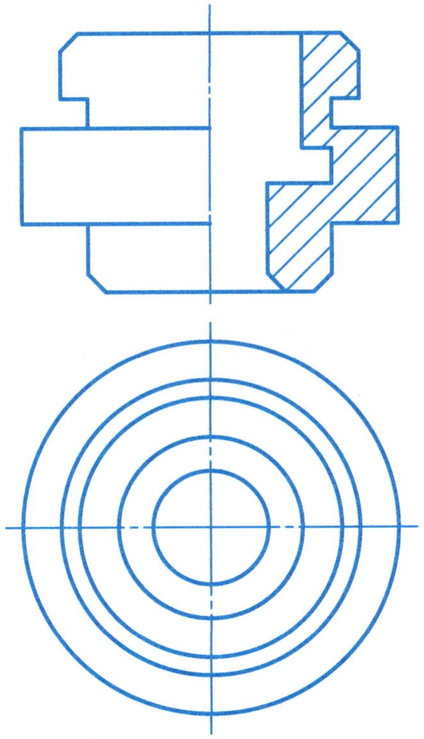

班级		姓名		学号		成绩	

四、补视图。（共6题，计53分）

1. 补全俯视图，补画左视图。（8分）

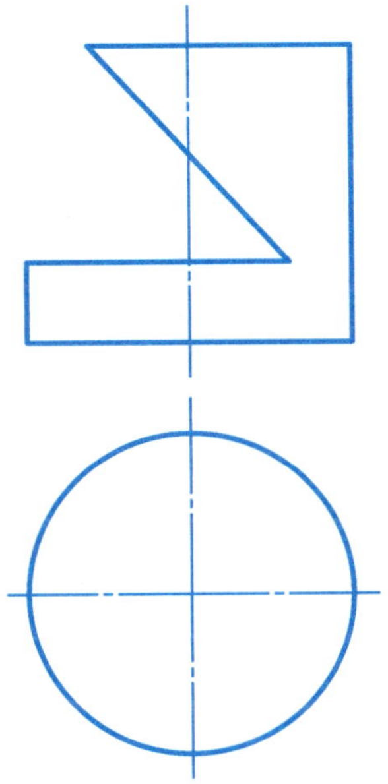

2. 补画主视图。（8分）

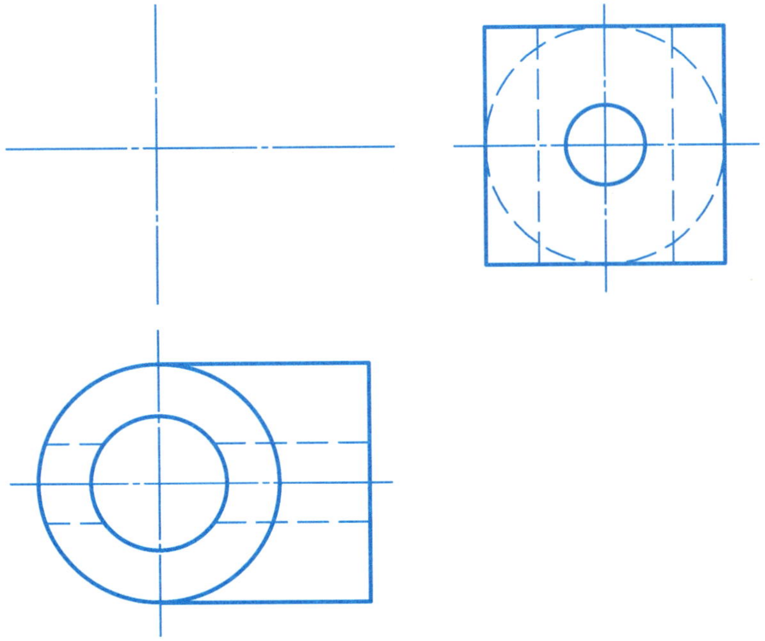

3. 补画俯视图。（8分）

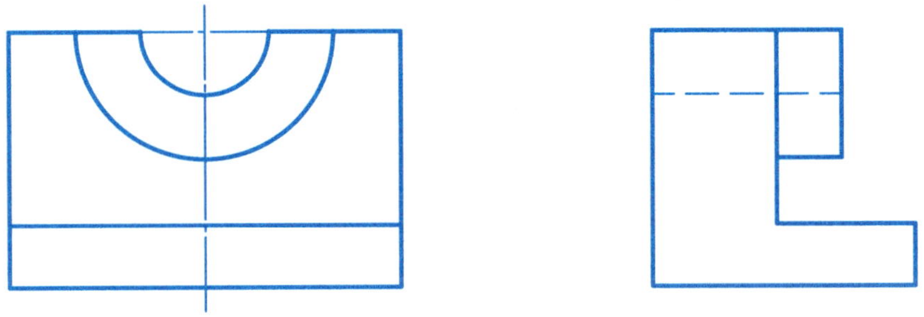

4. 补画左视图。（8分）

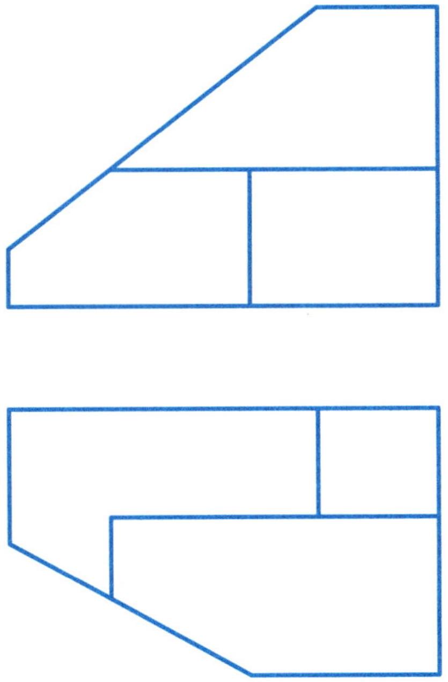

5. 在指定位置画出轴的(1)、(2)、(3)三个移出断面图， 并作正确的标注。其中左端键槽深为3.5mm。（8分）

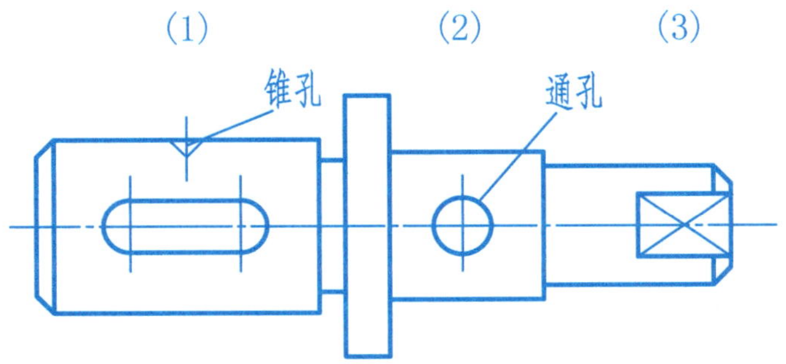

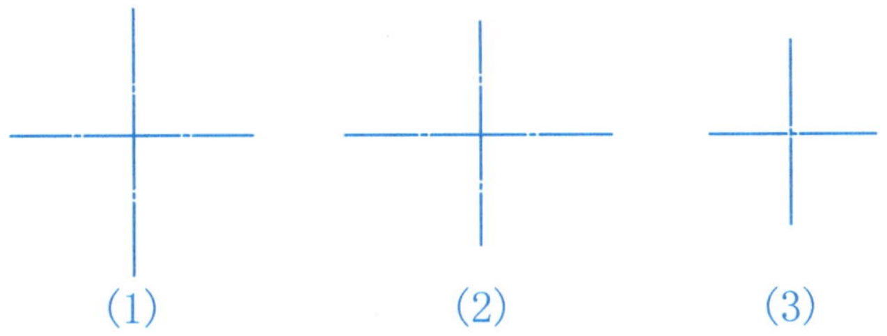

6. 根据向视图A，将主视图画成半剖视图，并将左视图画成全剖视图。（13分）

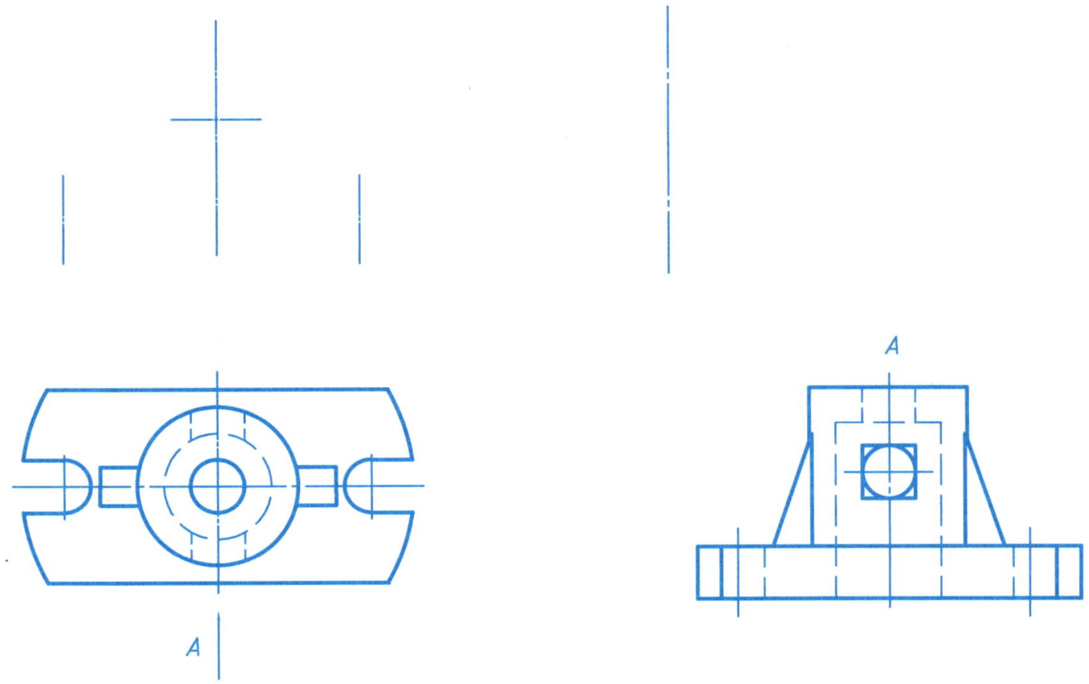

五、标注组合体其余尺寸，尺寸数值从图中1：1量取，并取整数。（10分）

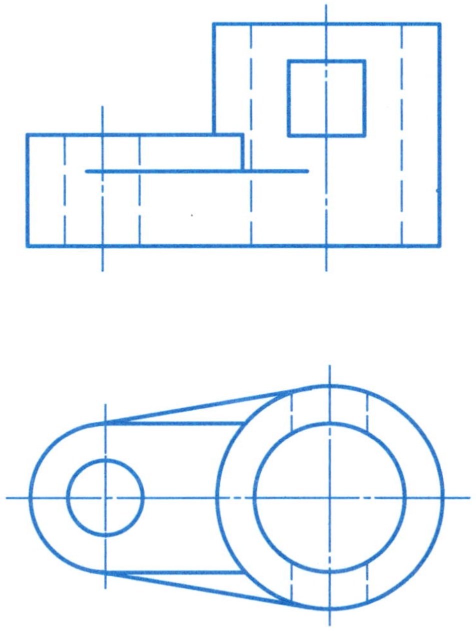

六、改错题。分析螺纹连接画法中的错误，将正确的图形画在指定的位置。（10分）

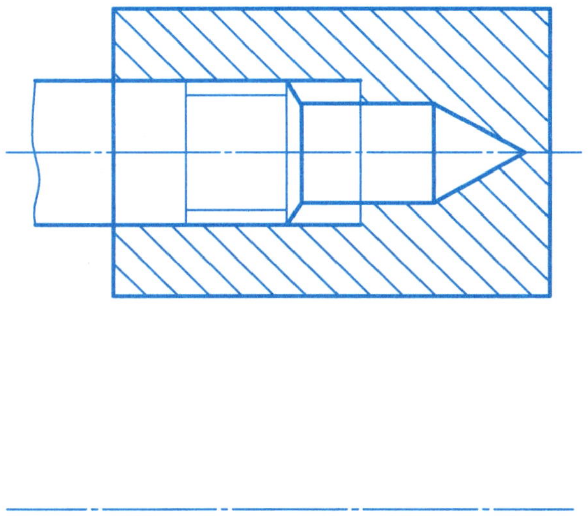

一、文字填空（共9题，计10分）

1. 画连接弧前，必须求出它的（　　　　　　　）。(1分）
2. 国标规定技术图样中，汉字应写成（　　　　　　　）。（1分）
3. 尺寸线用（　　　　　）线绘制，不能用任何图线代替。（1分）
4. 视图分为基本视图、（　　　　　　　）、斜视图和（　　　　　　）。（1分）
5. 局部放大图中采用的比例是指局部放大图与（　　　　　　　　　　　）的比例。（1分）
6. 螺距是指相邻两牙在（　　　　）线上对应两点间的（　　　　）距离。（1分）
7. 零件图主视图的选择原则为投影方向按（　　　　　　）原则选取，并按工作位置或加工位置放置。（1分）
8. 零件图的内容包括（　　　　　　　）、完整的尺寸、（　　　　　　　）和标题栏。(1分）
9. 装配图中，零件间的接触表面和配合表面，都只画（　　　　）条线。不接触或不配合的表面，即使间隙很小，也应画成（　　　　）条线。(2分）

二、图形选择（共2题，计6分）

1. 选择正确的锥度标注。(3分）

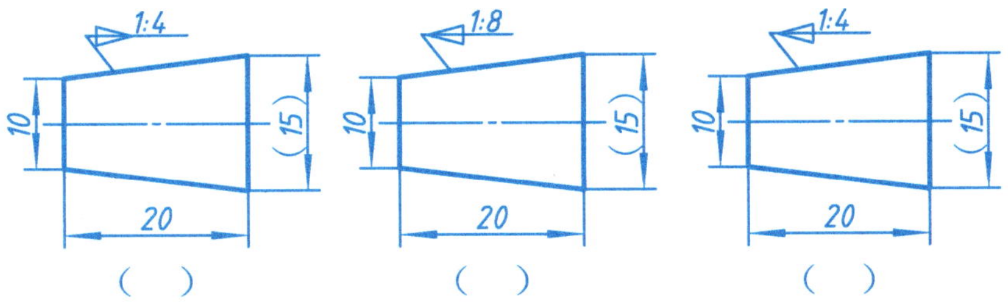

2. 选择正确的左视图。(3分）

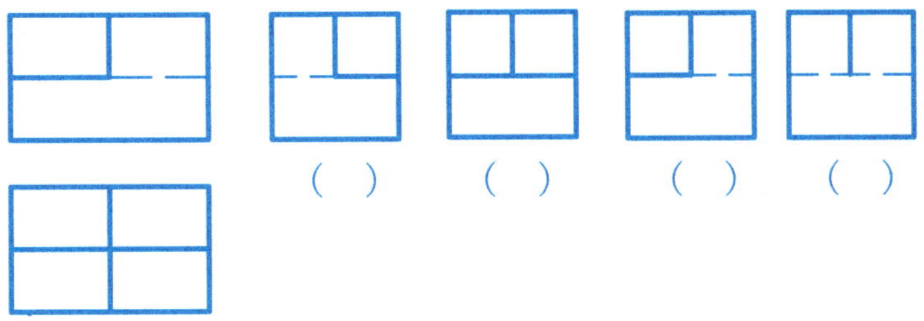

三、补漏线（共3题，计15分）

1. 补画视图中的漏线。（5分）

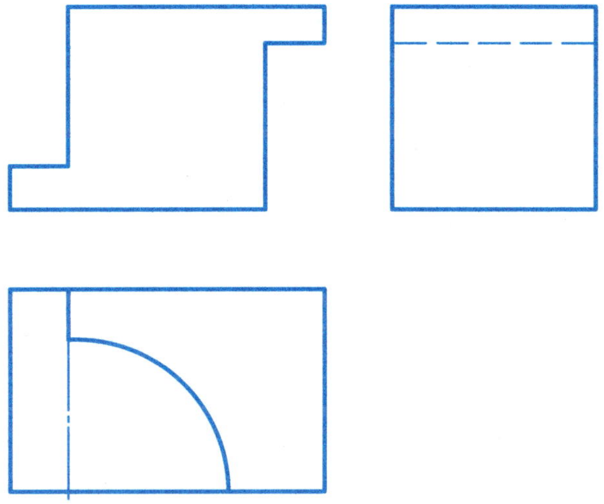

2. 补画视图中的漏线。(5分）

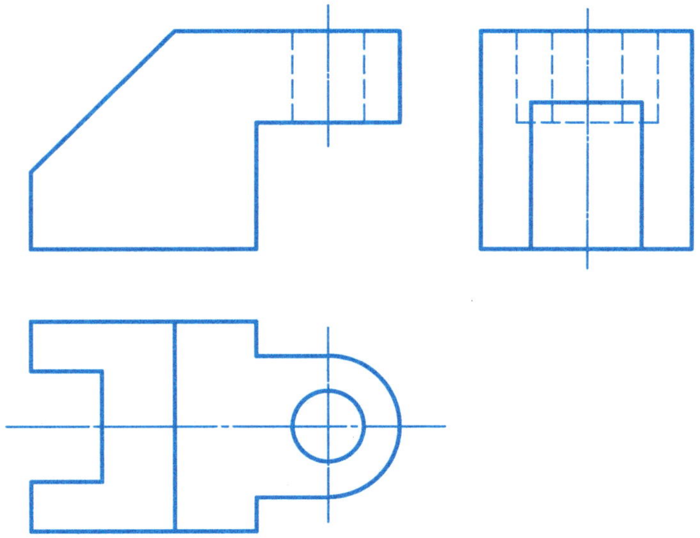

3. 补画半剖视图中漏画的图线。（5分）

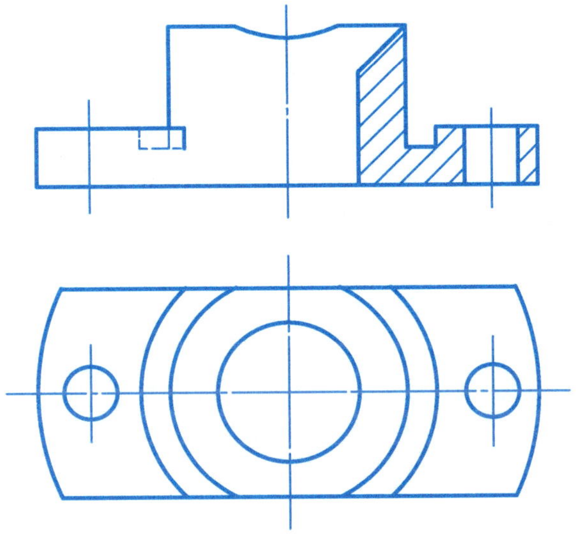

四、补视图（共5题，计51分）

1. 补画左视图。（8分）

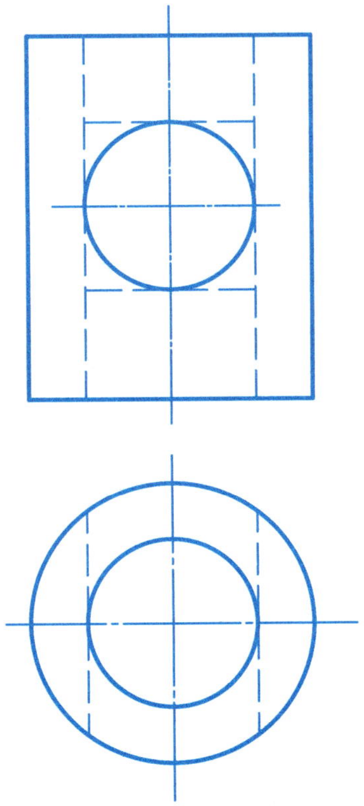

2. 补全左视图，并画俯视图。（10分）

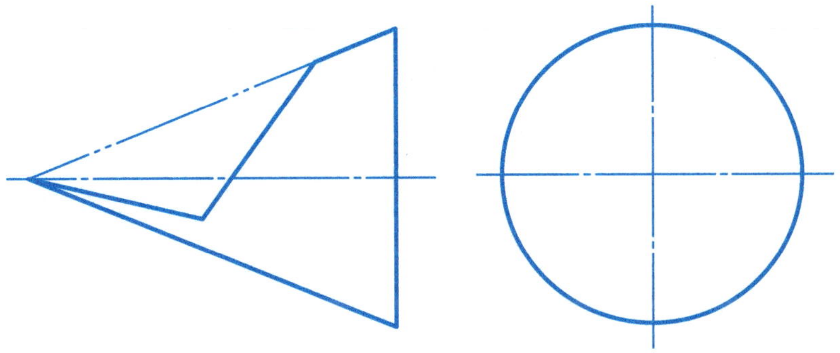

3. 补画主视图。（8分）

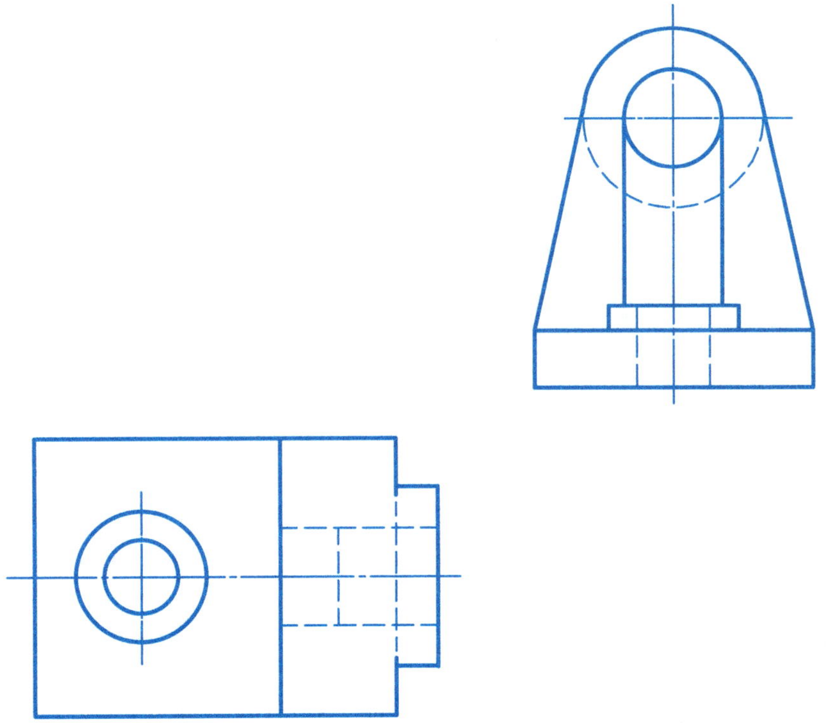

4.在指定位置画出轴的(1)、(2)、(3)三个移出断面图，并作正确的标注。其中键槽深为4.5mm。（10分）

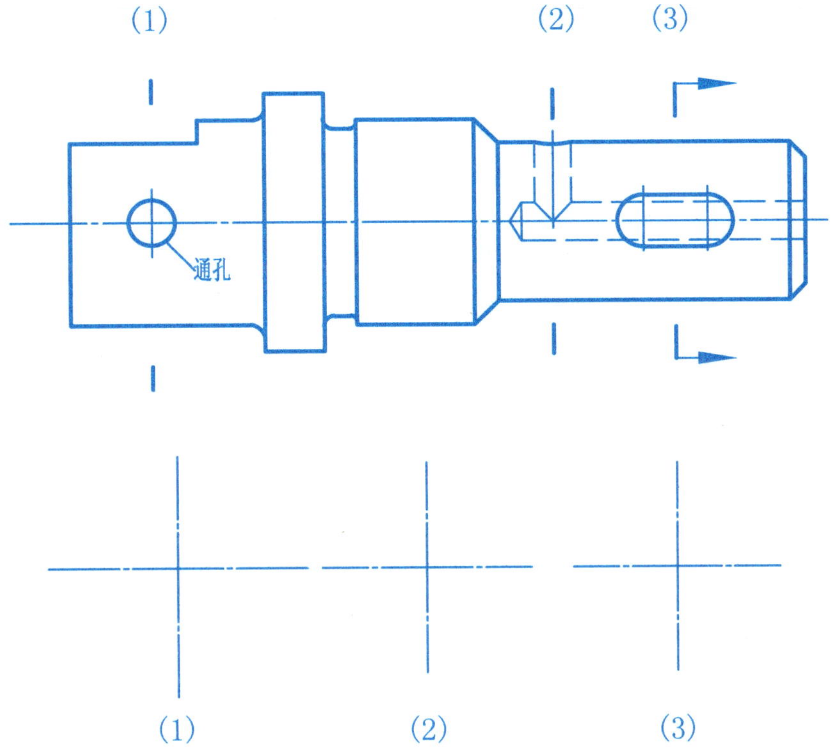

5.将主视图画成半剖视图，并将左视图画成全剖视图。（15分）

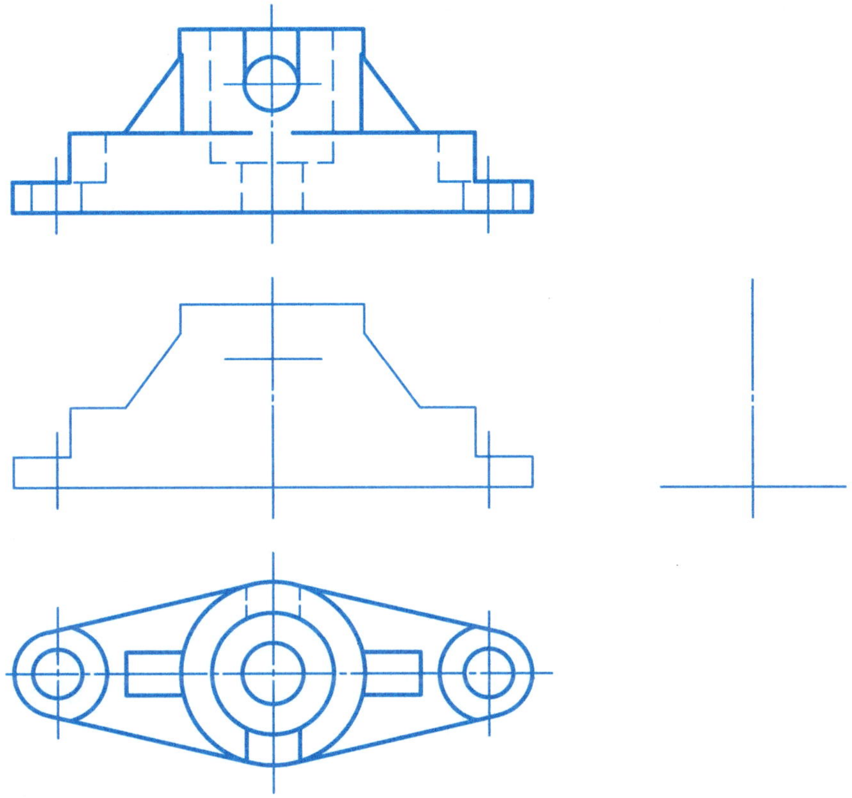

五、标尺寸。补全组合体的尺寸,尺寸数值从图中1∶1量取，并取整数。（10分）

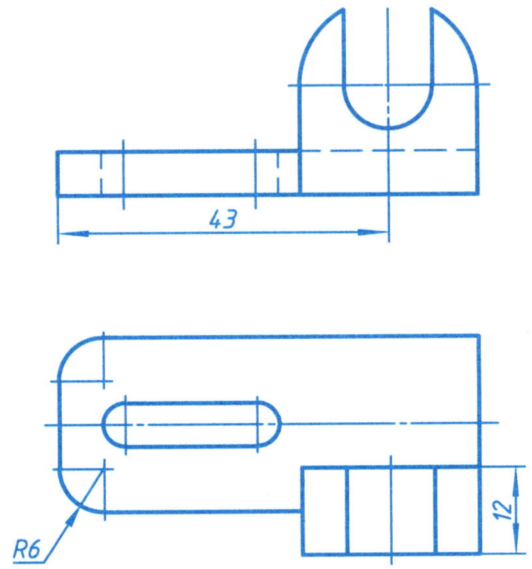

六、按规定画法，绘制内螺纹的主、左两视图(比例为1∶1)：
内螺纹的大径M20，螺纹长25，孔深35，螺纹孔倒角$C2$，主视图为剖视图。（8分）

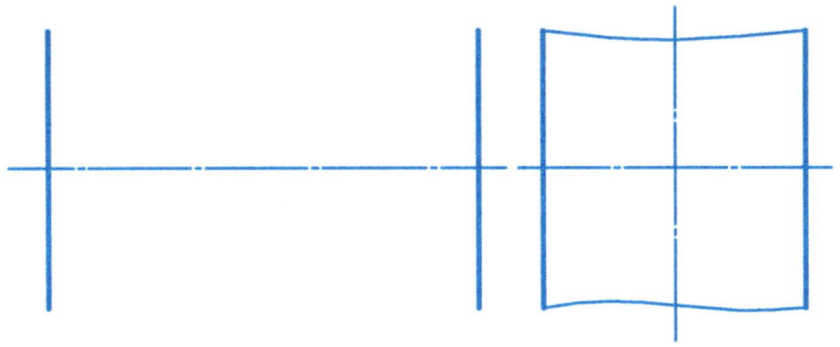